电力行业"十四五"规划教材
职业教育电力技术类专业系列

U0642989

电能计量装置安装与检查

主　编　钟庭剑　宁艳花
　　　　杨通达
副主编　彭葛桦　李　斌
参　编　戴　勇　徐川峰
　　　　陈德英　郭嘉敏

中国电力出版社
CHINA ELECTRIC POWER PRESS

内 容 提 要

本书为电力行业"十四五"规划教材，是根据校企合作创新教学模式，由职业院校和企业共同开发的具有职业教育教材特色的教材。以企业典型实际任务为单位组织教学，将任务贯穿起来，强调在知识的理解与掌握的基础上的实践和应用，培养学生在掌握一定理论的基础上，具有较强的实践能力。

本教材按照实际岗位工作流程，结合企业典型工作任务，创新性重构课程体系，将"电能计量""装表接电""用电信息采集"三门课程有机融合。本教材内容共分四大模块十个项目，第一模块：电能计量装置的安装；第二模块：电能计量装置的接线检查与处理；第三模块：电能计量装置的现场校验；第四模块：用电信息采集终端故障排查。

本书可作为职业院校供用电技术专业或电气工程相关专业课程的教材，也可作为电力营销岗位培训教材或职业技能提升参考用书。

图书在版编目（CIP）数据

电能计量装置安装与检查 / 钟庭剑，宁艳花，杨通达主编；彭葛桦，李斌副主编. -- 北京：中国电力出版社，2025. 7. -- ISBN 978-7-5239-0083-3

Ⅰ. TB971

中国国家版本馆 CIP 数据核字第 2025HH8122 号

出版发行：中国电力出版社
地　　址：北京市东城区北京站西街 19 号（邮政编码 100005）
网　　址：http://www.cepp.sgcc.com.cn
责任编辑：张　旻（010-63412536）
责任校对：黄　蓓　张晨荻
装帧设计：赵姗姗
责任印制：吴　迪

印　　刷：三河市航远印刷有限公司
版　　次：2025 年 7 月第一版
印　　次：2025 年 7 月北京第一次印刷
开　　本：787 毫米×1092 毫米　16 开本
印　　张：11.25
字　　数：280 千字
定　　价：49.00 元

前　言

本书是为高职高专学校供用电技术等相关专业编写的一本教材。

随着智能电网、新型电力系统技术的到来，新业态、新模式、新设备、新技术也在不断发展。电能计量装置是能源互联网上的信息采集节点，通过对装置的安装及检查，能准确地实时进行数据采集，通过用电信息大数据分析，可构建绿色智慧生态环境。为适应新形势的要求，培养新时代高素质技能型电能计量人才显得尤为重要。

本教材紧密结合电力生产过程，将课程体系依照供用电技术工作岗位典型工作任务进行模块化重构优化，以项目教学，由任务驱动，全程教学采用数据采集，构建多维评价体系。让学生在实战情境中，全面提升岗位核心素养。

本教材以行动为导向，基于工作过程开发，遵循学生认知规律，通过完成一个个任务，使学生掌握完成任务所需要素质、知识和技能，同时又结合1+X证书装表接电职业技能等级标准，从易到难、由浅入深使学生不断提升技能，体现从单项练习到综合训练的递进式进阶，可有效完成教学目标。

本书由江西电力职业技术学院钟庭剑、宁艳花、杨通达担任主编，彭葛桦、李斌（企业专家）担任副主编，参编人员有：戴勇、徐川峰（企业专家）、陈德英、郭嘉敏。其中：宁艳花、李斌负责编写第一模块；钟庭剑、陈德英负责编写第二模块；杨通达、徐川峰负责编写第三模块；彭葛桦、戴勇、郭嘉敏负责编写第四模块；钟庭剑统稿。

限于编者水平，书中疏漏和不妥之处在所难免，诚恳希望各位读者提出批评指正。

编　者

2025 年 4 月

目　　录

模块四　用电信息采集终端故障排查

模块一　电能计量装置的安装

项目一　低压计量装置的安装

任务一　单相电能表的新装

【教学目标】

知识目标

（1）熟悉单相电能表安装工作所涉及的工器具。

（2）掌握电力安全工作规程的基本规范。

（3）掌握单相电能表新装的基本内容和基本要求。

能力目标

（1）能正确说出安措措施。

（2）能正确辨识单相电能表类型和正确使用相关的安全工器具。

（3）能正确进行单相电能表新装的工作流程，并能正确接线。

态度目标

（1）能树立严谨、科学、专注的安全工作意识。

（2）能严格遵守单相电能表安装的相关规程、标准及制度。

（3）能积极主动学习，勤于思考和分析。

（4）能与小组成员交流协作。

一、单相电能表的接线方式

单相电能表用来计量单相电路电能，常用于一般家庭，但别墅和大用电住户也常使用三相四线电能表。工业用户使用的是三相三线和三相四线电能表。

单相电能表接线方式有直接接入式和经互感器接入式。直接接入式分为单进单出式和双进双出式，如图 1.1 和图 1.2 所示。经互感器接入式分为分开方式和共用方式。

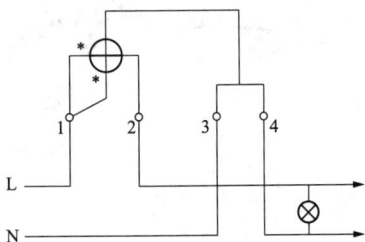

图 1.1　单进单出接入式　　　　图 1.2　双进双出接入式

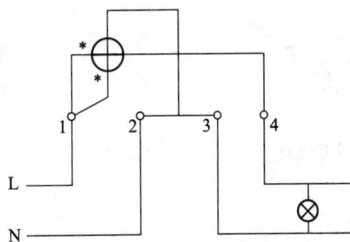

如图 1.1 所示，单相电能表有表尾四个端口号，从左至右分别为 1 号端，2 号端，3 号端，4 号端，其中 L 接的是火线，N 接的是零线。1 号端口是火线进线，2 号端口为火线出线，3 号端口是零线进线，4 号端口为零线出线，这种方式就是单进单出的接入方式，也称为一进一出接入方式。

二、单相电能表的计量原理

由电能表电能计算公式 $P = UI\cos\theta$ 可知，电能表的正常计量需要测量流经电能表的电压和电流，再通过电能表自动计量叠加产生电能消耗，所以电能表的计量元件是由电流元件和电压元件组成的。

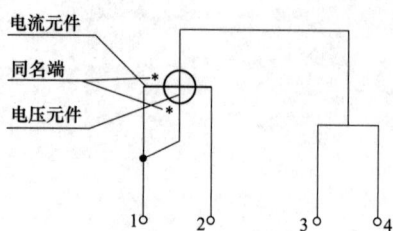

图 1.3 单相电能表的电气符号图

单相电能表的电气符号图是一个含有十字图形的圆，如图 1.3 所示，通常用横线表示电流元件，竖线表示电压元件。两个元件各有一个端子标有"*"，为极性端，也称为同名端。

计量工作就是由串联在电路中的电流元件进行电流采样，由并联在电路中的电压元件进行电压采样，电流元件与电压元件的同名端应接到电源的同一根相线上，只有这样才能实现电能计量。火线从 1 号端口进入，流经电流元件，从 2 号端口出来，与负载串联，再经过零线，在用户处形成完整的用电回路。从而实现对用户负载的电能计量。

【实训操作】单相电能表的新装

一、所需的工器具及材料

（1）安全防护：低压验电笔、安全帽、棉纱手套等，如图 1.4 所示。

低压验电笔　　　　　　安全帽　　　　　　棉纱手套

图 1.4 安全防护工器具

（2）安装工器具：一字螺丝刀、十字螺丝刀、剥线钳、尖嘴钳、斜口钳，如图 1.5 所示。

一字螺丝刀　　　十字螺丝刀　　　　剥线钳　　　　　尖嘴钳　　　　　斜口钳

图 1.5 安装工器具

（3）安装材料：单相电能表、低压空气开关（2P　C25）、低压漏电保护开关（2P）、导轨（长度约为 15cm）、$\Phi 4mm^2$ 单股铜心绝缘导线（红、黑两种颜色）、螺丝钉、封印、塑料扎带。

（4）打印好的空白低压工作票。

二、实训内容和步骤

1. 操作前安全措施

（1）开具低压工作票。学生规范着装后进入实训室，确定操作工位，模拟工作现场，老师给定工作票填写信息，学生按照低压工作票填写要求，现场填写单相电能表安装接线具体安全措施、工作开始与结束时间、工作班成员、补充安全措施等内容。

（2）履行工作许可手续。学生采取口述的方式，以现场老师作为安全工作许可人，模拟现场工作许可。学生口述内容："本次工作任务是对单相电能表进行安装接线，工作票已开具，工作任务已清楚，危险点已告知，带电部位已明确，现场安全措施已到位，请求开始许可工作"。现场老师当面许可，口述内容："可以开始工作"。

（3）进行三步式验电。

第一步：脱手套，手握验电笔，大拇指抵住验电笔上端金属帽，到有电的插座上进行验电，此时若低压验电笔氖灯发亮，则显示低压验电笔正常。若验电笔氖灯不亮则可能：一是验电插座为零线孔，此时应更换到相线孔进行验电；二是低压验电笔坏了，应更换一支低压验电笔进行验电。

第二步：手握这支低压验电笔到设备外壳进行验电，应注意，一定要到设备上找一个金属部位进行验电。此时若低压验电笔氖灯发亮，则表明设备外壳带电，说明设备外壳有漏电，有触电危险，应进一步查明外壳带电原因，并处理后才能继续下一步操作。若低压验电笔氖灯不亮，此时有两种原因，一是验电笔损坏，此时应更换一支新验电笔重新开始三步式验电；二是设备外壳确无电压；为进一步验证以上原因，必须进行第三步验电。

第三步：手握验电笔，大拇指抵住验电笔上端金属帽，再次到有电的插座上进行验电，此时若低压验电笔氖灯发亮，则显示低压验电笔正常，也再次验证第二步验电结果是正确的。若验电笔氖灯不亮则可能：一是验电插座为零线孔，此时应更换到相线孔进行验电；二是低压验电笔坏了，应更换一支低压验电笔重新进行以上三步式验电。

2. 安装设备

（1）电能表安装。先安装电能表上部螺丝。测量出电能表背部上端挂表螺丝的位置，在设备安装屏上安装好螺丝，插入电能表背部挂件，将电能表挂上挂表螺丝，再用螺丝刀拧紧电能表下端左右两个定位螺丝，要求螺丝拧紧，电能表安装牢固，且不得倾斜，左右离中心垂直线不超过1°。

（2）开关安装。先安装导轨，再安装开关。在电能表左上侧（电源侧）安装好2P空气开关，在电能表右下侧（负荷侧）安装好2P漏电开关。要求螺丝拧紧，开关安装牢固无倾斜，开关上下端不能装反。

3. 电能表导线安装

（1）导线安装应遵循以下顺序：先零线、后相线；先负荷、后电源。电源进线接电能表接线端第1、3孔，负荷接电能表接线端第2、4孔，且要求电能表第1、2孔接相线，第3、4孔接零线。

（2）拧螺丝顺序：在电能表接线端处，应先拧上端螺丝，再拧下端螺丝，每处接线端上的两个螺丝均须拧紧。

（3）工艺要求：要求导线安装遵循横平竖直的原则，直线段导线需平直无折弯，转弯处导线需有一定弧度而不能人为用钳子折成 90°弯；屏上走线时要求，零线靠内、相线靠外；导线绝缘层无外伤，电能表端子处目视无露铜、无螺丝压绝缘皮。导线端裸露的线头上有均匀的两处螺丝压痕，压痕不能伤及导线铜心，不能有断裂痕。

（4）扎线要求：导线转弯处两层均有扎带，扎带距离转弯点不大于 2cm，直线段导线两扎带间距不得大于 15cm，扎带余线需剪断，且剪断后遗留的扎带余线不超过 2mm；扎带需拉紧不松动，要求定位好的扎带不能左右移动，扎带尾线应剪除，扎带尾线裕度不超过 2mm。

（5）送电与加封：导线安装后进行送电检查，送电前先断开负荷开关，再送上电源开关，通过电能表按钮，翻阅电能表内部电压，检查电压正常后，合上电能表负荷侧开关，检查电能表内部电流正常后，在电能表表盖、编程盖处进行加封。

（6）填写电能表装拆单：抄录电能表铭牌参数及电能表当前正向有功示数、安装时间、安装人，并提请客户签字确认，如图 1.6 所示。

图 1.6 单相电能表安装示意图

4. 操作结束

（1）操作结束后，再次检查导线安装情况，必须保证安装接线能够实现电能表正确计量。

（2）清理现场，清点收拾工器具及剩余材料，清理现场剥离的绝缘皮、剪断的导线头等废弃料。

（3）在工作票上填写现场操作结束时间，终结工作票，报告操作结束。

三、装接注意事项

（1）操作前，要做好安全组织措施，填写低压工作票，履行安全许可手续。召开班前会，熟知操作工作任务，告知现场危险点，清楚带电部位。

（2）操作前，做好现场安全技术措施，对设备外壳进行三步式验电，验明设备外壳确无电压。

（3）正确选取设备材料，注意空气开关和漏电保护开关的区别。

（4）正确规范使用工器具，禁止使用未做绝缘处理或绝缘老化破损的工器具。

（5）导线选择正确：红色为相线导线，黑色为零线导线。

（6）确保电能表接线正确，单相电能表接线端第 1、3 孔接电源进线，单相电能表第 2、4 孔接用户负荷，相线必须接 1、2 孔。

四、评分表

单相电能表新装评分标准如表 1.1 所示。

表 1.1 单相电能表新装评分标准

单相电能表新装					
姓名			学号		
序号	作业名称	质量标准	分值	扣分标准	得分
1	安全生产	1. 戴安全帽、手套，穿工作服、绝缘鞋	15	不满足每项扣 2 分	
		2. 操作前履行工作许可		不满足扣 5 分	

续表

序号	作业名称	质量标准	分值	扣分标准	得分
1	安全生产	3. 操作前对设备外壳进行验电	15	不满足扣 5 分	
		4. 相线与零线没有短路现象		不满足扣 15 分	
		5. 操作过程中未发生设备损坏或人身伤害		不满足扣 15 分	
2	工作票填写	工作票填写应符合安规、现场工作要求；书写应工整、规范、正确	10	填写错误每项扣 5 分；涂改一处扣 1 分	
3	工具材料	1. 正确使用工具	5	1. 不符合要求每项扣 1 分	
		2. 工具、设备或材料等不得跌落		2. 使用不当、跌落每次扣 1 分	
		3. 材料准备齐全		3. 开始操作后，离开工作区域选取每次扣 1 分	
4	电能表安装接线	1. 导线拆线：先电源、后负荷；先火线、后零线	35	1. 每项顺序错误扣 5 分	
		2. 电能表安装牢固、安装螺丝不得缺失，倾斜度不超过 1°		2. 不符要求扣 5 分	
		3. 导线安装顺序：先负荷、后电源；先零线、后火线		3. 每项顺序错误扣 5 分	
		4. 接线正确，能正确计量，导线颜色正确		4. 导线颜色错误每根扣 5 分；接线错误本大项不得分	
		5. 空气开关与漏电开关安装正确		5. 不符每处扣 5 分	
5	施工工艺	1. 布线应横平竖直，导线不得绞线，导线转角处不得出现死弯	15	不符要求每处扣 2 分	
		2. 绑扎带牢固、间距均匀、尾线不超过 2mm			
		3. 导线安装后不漏铜、不压皮、不损伤绝缘			
		4. 电能表、开关端子处导线安装螺丝紧固		不符合要求每处扣 1 分	
6	设备送电加封	封印规范齐全，压接良好	5	1. 未封印扣 5 分	
				2. 余线未剪每个扣 1 分	
				3. 封印压接不规范、假封一个扣 2 分	
		客户侧开关送电		4. 客户侧开关未送电，扣 2 分	
7	工单填写	1. 正确填写装接工单	10	1. 不符要求扣 10 分	
		2. 字迹清楚、无涂改		2. 错写、漏写每处扣 2 分	
				3. 涂改每处扣 1 分	
8	现场清理	1. 完工后清理现场	5	1. 未清理现场扣 5 分	
		2. 彻底清理现场		2. 现场清理不彻底每处扣 1 分	
		3. 终结工作票		3. 未终结工作票扣 5 分	
合计			100		

任务二 单相电能表的换装

知识目标

（1）熟悉单相电能表换装工作所涉及的工器具。

（2）掌握电力安全工作规程的基本规范。

（3）掌握单相电能表换装的基本内容和基本要求。

能力目标

（1）能正确说出电力安全工作规程的基本概念，如两票三制、五防、安全距离、安全组织措施和技术措施等。

（2）能正确辨识单相电能表类型和正确使用相关的安全工器具。

（3）能正确进行单相电能表换装的工作流程，并能正确接线。

态度目标

（1）能树立严谨、科学、专注的安全工作意识。

（2）能严格遵守单相电能表安装的相关规程、标准及制度。

（3）能积极主动学习，勤于思考和分析。

（4）能与小组成员交流协作。

一、电能计量装置的定义

电能是重要的二次能源，也是一种特殊的商品。电能的生产与其他产品的生产完全不同，有自己的特点，其发、输、变、配、用都在同一时间完成，而且是瞬时性的。为了贸易结算，电能从发电厂到用户间的升压、输送、降压、使用等过程都有电能计量装置，用来计量发电量、厂用电量、供电量和销售电量等。

我们把电能表、与电能表配合使用的互感器、互感器到电能表之间的二次回路连接线以及计量柜统称为电能计量装置。

二、电能计量装置各部分作用

电能表俗称电度表，是电能计量装置的核心部分，其作用是计量负载消耗的电能或电源发出的电能。因为电能是功率乘以时间，所以电能表测量的是功率对时间的积累值。

互感器就是小容量的变压器，计量装置中的互感器主要有扩大电能表量程和隔离高电压、大电流等作用。

二次回路是连接电能表和互感器的电路。电能计量装置的二次回路包括电压二次回路和电流二次回路，它们对于电能计量装置的准确度有影响。

计量柜里安装电能表、互感器、二次回路、终端设备、负荷控制开关、接线盒等设备，外加封和锁。其作用是封闭、保护、隔离计量装置中的电能表、互感器、二次回路以及裸露在外的变压器低压桩头，使用户不易窃电。总结计量装置的作用，有如下几点。

（1）通过电能计量装置测量发电厂的发电量、厂用电量和供电量，为制定生产计划、供电计划和搞好经济核算、合理计收电费等提供依据。

（2）工农业用电部门通过计量装置来加强经营管理，考核单位产品耗电量，制定电力消耗定额，开展节约用电，提高经济效益。

（3）随着人民生活水平的不断提高，民用电量与日俱增，电能表已成为千家万户不可缺少的电气仪表。

总之，电能计量管理直接关系到国家的财政收入、电力企业的最终经济效益和用户电费内合理负担，所以要求电能计量装置必须计量准确。

三、电能表的铭牌含义

按规定铭牌上必须注明的内容有：电能表名称与型号、计量单位、线数相数、基本电流和额定最大电流、参比电压、参比频率、准确度等级、电能表常数、电能表中文名称、制造标准、计量许可证标志（CMC 电能表是计量产品，必须具有国家技术监督局颁发的计量产品制造许可证才能合法生产）、使用范围、转动方向、制造厂家、出厂编号、商标等。此外，根据目前订货要求，均要求有条形码等。

铭牌上各标志的含义分别说明如下。

（1）计量单位名称或符号。有功电能表为"瓦·时"或"W·h"；无功电能表为"伏·安"或"V·A"。

（2）计度器窗口，整数位和小数位中间有小数点。字轮式计度器的窗口，整数位和小数位用不同颜色区分，中间有小数点；若无小数点位，窗口各字轮均有倍乘系数，如×100、×10、×1 等。

（3）电能表的名称及型号。电能表型号是用字母和数字的排列来表示的，内容如下：类别代号+组别代号+功能代号+设计序号+派生号。

类别代号：D 为电能表。

组别代号表示相线：D 为单相；S 为三相三线；T 为三相四线。

功能代号表示用途的分类：D 为多功能；S 为全电子式；X 为无功；J 为直流；Y 为预付费；F 为复费率等。预付费电能表又称为定量电能表、IC 卡电能表，除了具有普通电能表的计量功能外，特别的是用户先买电，买电后才能用电，若用完电后用户不继续买电，则自动切断电源停止供电。预付费电能表常见的预存方法有两种：一种为代码式，另一种为写卡式。复费率电表可有效地实现分段计费、分时计费，优化用电效率，采用尖、峰、平、谷不同电价分开计费。直流电能表是针对直流屏、太阳能供电、电信基站、地铁等应用场合而设计的，该系列仪表可测量直流系统中的电压、电流、功率、正向与反向电能，既可用于本地显示，又能与工控设备、计算机连接，组成测控系统。

设计序号用阿拉伯数字表示，每个制造厂的设计序号不同，如长沙希麦特电子科技发展有限公司设计生产的电能表产品备案的序列号为 971，正泰公司的序列号为 666 等。

派生号有以下几种表示方法：T 为湿热、干燥两用；TH 为湿热带用；TA 为干热带用；C 为高原用；H 为船用；F 为化工防腐用等。

综合上面几点列举以下几个例子。

DD——单相电能表，如 DD971 型、DD862 型。

DS——三相三线有功电能表，如 DS862、DS971 型。

DT——三相四线有功电能表，如 DT862、DT971 型。

DX——无功电能表，如 DX971、DX864 型。

DDS——单相电子式电能表，如 DDS971 型。

DTS——三相四线电子式有功电能表，如 DTS97I 型。

DDSY——单相电子式预付费电能表，如 DDSY97I 型。

DTSF——三相四线电子式复费率有功电能表，如 DTSF971 型。

DSSD——三相三线电子式多功能电能表，如 DSSD971 型。

DDZY——单相远程费控智能电能表，如 DDZY71 型。

DTZ——三相四线智能电能表，如 DTZ71 型。

（4）基本电流和额定最大电流。基本电流是确定电能表有关特性的电流值，额定最大电流是仪表能满足其制造标准规定的准确度的最大电流值。我国采用 220V 的电压制式，交流电的频率是 50Hz，应特别关注标识的电流值：基本电流用 4 表示，最大电流用 1 表示，如 5（20）A，即电能表的基本电流为 5A，最大电流为 20A，对于三相电能表还应在前面乘以相数，如 3×5（20）A。超负荷用电是不安全的，是引发火灾的隐患。

（5）参比电压是确定电能表有关特性的电压值，用 U 表示。对于单相电能表用电压线路接线端上的电压表示，如 220V；对于三相三线电能表用相数乘以线电压表示，如 3×100V；对于三相四线电能表用相数乘以相电压/线电压表示，如 3×220/380V。

（6）参比频率是确定电能表有关特性的频率值，以赫兹（Hz）为单位，我国电力线路的频率值一般为 50Hz。

（7）电能表常数是表示电能表记录的电能和相应的转数或脉冲数之间关系的常数。有功电能表以 kW·h/r（imp）表示，无功电能表以 kvar·h/r（imp）表示，如 c=720kW·h/r，说明转盘转了 720 转，计度器的指示数增加了 1kW·h。

（8）准确度等级用铭牌圆圈中的数字表示。铭牌上标有的①或②的标志，①代表电能表的准确度为 1.0，或称 1 级表；②代表电能表的准确度为 2.0，或称 2 级表。无标志时，单相电能表视为 2.0 级。电能表按准确度等级可分为普通安装式电能表（0.2.0.5.1.0、2.0、3.0 级）和携带式精密电能表（0.01、0.02、0.05、0.1、0.2 级）。家庭常用的是 2.0 级。

（9）耐受环境条件的能力分为 P、S、A、B 四组。

（10）条形码是由一组黑白相间的条纹组成的标志。它能将电能表铭牌上的所有信息按照一定的规律设置成一组条形码，通过条形码扫描器可将电能表信息输入计算机，由计算机自动建立每只电能表的档案卡片，替代了落后的手工卡片式电能表管理，不仅提高了效率，还降低了出错率。

（11）制造标准一般为国家标准，铭牌上还标有产品采用的标准代号。

（12）制造厂家的名称及编号。

（13）制造年份。

【实训操作】单相电能表的换装

一、所需的工器具及材料

（1）安全防护：低压验电笔、安全帽、棉纱手套等。

（2）安装工器具：一字螺丝刀、十字螺丝刀、剥线钳、尖嘴钳、斜口钳。

（3）材料：单相电能表、螺丝钉、封印。

（4）打印好的空白低压工作票。

（5）打印好的空白电能计量装置装拆单。

二、实训内容和步骤

1. 操作前安全措施

（1）开具低压工作票。学生规范着装后进入实训室，确定操作工位，模拟工作现场。老师给定工作票填写信息，学生按照低压工作票填写要求，现场填写单相电能表换装工作票内容：具体安全措施、工作开始与结束时间、工作班成员、补充安全措施等。

（2）履行工作许可手续。学生采取口述的方式，以现场老师作为安全工作许可人，模拟现场工作许可。学生口述内容："本次工作任务是对单相电能表进行换装，工作票已开具，工作任务已清楚，危险点已告知，带电部位已明确，现场安全措施已到位，请求开始许可工作"。现场老师当面许可，口述内容："可以开始工作"。

（3）进行三步式验电。

第一步：脱手套，手握验电笔，大拇指抵住验电笔上端金属帽，到有电的插座上进行验电，此时若低压验电笔氖灯发亮，则显示低压验电笔正常。

【注意】：若验电笔氖灯不亮则可能：一是验电插座为零线孔，此时应更换到相线孔进行验电；二是低压验电笔坏了，应更换一支低压验电笔进行验电。

第二步：手握这支低压验电笔到设备外壳进行验电。

【注意】：一定要到设备上找一个金属部位进行验电。此时验电若低压验电笔氖灯发亮，则表明设备外壳带电，说明设备外壳漏电，有触电危险，应进一步查明外壳带电原因，并处理后才能继续下步操作。若低压验电笔氖灯不亮，此时也有两种原因，一是验电笔损坏，此时应更换一支新验电笔重新开始三步式验电；二是设备外壳确无电压；为进一步验证以上原因，必须进行第三步验电。

第三步：手握验电笔，大拇指抵住验电笔上端金属帽，再次到有电的插座上进行验电，此时若低压验电笔氖灯发亮，则显示低压验电笔正常，也再次验证第二步验电结果是正确的；若验电笔氖灯不亮则可能：一是验电插座为零线孔，此时应更换到相线孔进行验电；二是低压验电笔坏了，应更换一支低压验电笔重新进行以上三步式验电。

2. 电能表更换

（1）旧电能表停电。核定旧电能表信息，检查旧电能表接线及运行情况，先断开旧电能表出线负荷侧开关，查看电能表表内电流是否为0A，核实并在装拆单上抄录电能表铭牌信息及当前正向有功示数，再断开旧电能表电源侧开关，确认电能表表内电压为0V。

（2）拆除旧电能表。先拆除旧电能表接线端导线，拆除顺序为：先电源侧、后负荷侧，先相线后零线，即按电能表第1、3、2、4孔顺序进行拆线，拆电能表第1、3孔导线后，需对裸露的导线头进行绝缘处理，做好导线头标识。导线拆除后，拧松旧电能表下端左右两个固定螺丝，取下旧电能表。

（3）新电能表安装。先调节好电能表上部挂表螺丝位置，插入电能表背部挂件，将电能表挂上挂表螺丝，再用螺丝刀拧紧电能表下端左右两个固定螺丝，要求电能表螺丝拧紧，电能表安装紧固，且不得倾斜，左右倾斜与中心垂直线不超过1°。

3. 电能表导线安装

（1）导线安装应遵循以下顺序：先零线，后相线；先负荷后电源；按电能表第4、2、3、1孔顺序依次接入导线。

【注意】：电源侧进线接电能表接线端第1、3孔，负荷侧接电能表接线端第2、4孔，且要求电能表第 1、2 孔接相线，第 3、4 孔接零线。

（2）拧螺丝顺序：在电能表接线端处，应先拧上端螺丝，再拧下端螺丝，每处接线端均有两个螺丝须拧紧。

（3）工艺要求：要求导线安装遵循横平竖直的原则，直线段导线需平直无折弯，转弯处导线需有一定弧度而不能人为用钳子折成 90°弯；屏上走线时要求，零线靠内侧、相线靠外侧；导线绝缘层无外伤，电能表端子处平视无露铜、无螺丝压绝缘皮，导线端裸露的线头上有均匀的两处螺丝压痕，压痕不能伤及导线铜心，不能有折断痕迹。

（4）送电与加封：导线安装后进行送电检查，送电前须先断开负荷开关，送上电源开关，通过电能表按钮，翻阅电能表内部电压值，确认电压正常后，合上电能表负荷侧开关，确认电能表内部电流正常后，对电能表表盖、编程盖处进行加封。

（5）填写电能表装拆单，抄录新电能表铭牌参数及电能表当前正向有功示数、安装时间、安装人、并提请客户签字确认。

4. 操作结束

（1）操作结束后，再次检查导线安装情况，必须保证安装接线能够实现电能表正确计量。

（2）清理现场，清点收拾工器具及剩余材料，清理现场剥离的绝缘皮、剪断的导线头等废弃料。

（3）在工作票上填写现场操作结束时间，终结工作票，报告操作结束。

三、装接注意事项

（1）操作前，要做好安全组织措施，填写低压工作票，履行安全许可手续。召开班前会，熟知操作工作任务，告知现场危险点，清楚带电部位。

（2）操作前，做好现场安全技术措施，对设备外壳进行三步式验电，验明设备外壳确无电压。

（3）注意旧电能表停电操作流程及拆线顺序，做好裸露线头绝缘处理，做好线头标识。

（4）正确规范使用工器具。

（5）注意电能表接线安装流程和导线安装顺序。

（6）确保电能表接线正确，单相电能表接线端第 1、3 孔接电源进线，单相电能表第 2、4 孔接用户负荷，电能表第 1、2 孔接相线，第 3、4 孔接零线。

四、评分表

单相电能表换装评分标准如表 1.2 所示。

表 1.2　　　　　　　　　　　　　单相电能表换装评分标准

单相电能表换装						
姓名				学号		
序号	作业名称	质量标准		分值	扣分标准	得分
1	安全生产	1. 戴安全帽、手套，穿工作服、绝缘鞋		15	不满足每项扣 2 分	
		2. 操作前履行工作许可			不满足扣 5 分	
		3. 操作前对设备外壳进行验电			不满足扣 5 分	
		4. 断开负荷侧开关操作			不满足扣 5 分	

续表

序号	作业名称	质量标准	分值	扣分标准	得分
1	安全生产	5. 电能表电源侧端拆除的导线须做绝缘处理，且有标识	15	不满足扣 10 分	
		6. 操作过程中未发生设备损坏或人身伤害		不满足扣 15 分	
2	工作票填写	工作票（派工单）填写应符合安规、现场工作要求；书写应工整、规范、正确	10	填写错误每项扣 5 分；涂改一处扣 1 分	
3	工具材料	1. 正确使用工具	5	1. 不符合要求每项扣 1 分	
		2. 工具、设备或材料等不得跌落		2. 使用不当、跌落每次扣 1 分	
		3. 材料准备齐全		3. 开始操作后离开工作区域选取每次扣 1 分	
4	电能表换装接线	1. 停电流程正确	40	1. 不正确扣 5 分	
		2. 导线拆线顺序正确：先电源、后负荷；先火线、后零线		2. 每项顺序错误扣 5 分	
		3. 电能表安装牢固、安装螺丝不得缺失，倾斜度不超过 1°		3. 不符要求扣 5 分	
		4. 导线安装顺序正确：先负荷、后电源；先零线、后火线		4. 每项顺序错误扣 5 分	
		5. 接线正确、能正确计量，导线颜色正确		5. 导线颜色错误每根扣 5 分；接线错误本大项不得分	
		6. 正确规范安装与更换电能表和导线		6. 未更换电能表或未更换导线本大项不得分	
5	施工工艺	1. 布线应横平竖直，导线不得绞线，导线转角处不得出现死弯	10	不符要求每处扣 2 分	
		2. 导线安装不漏铜、不压皮、不损伤绝缘			
		3. 电能表、开关端子处导线安装螺丝紧固		不符合要求每处扣 1 分	
6	设备送电加封	封印规范齐全，压接良好	5	1. 未封印扣 5 分	
				2. 尾线未剪每个扣 1 分	
				3. 封印压接不规范、假封一个扣 2 分	
		送电顺序操作正确：先电源，后负荷		4. 不正确扣 5 分	
7	工单填写	1. 先断开负荷开关，后抄表	10	1. 不符合要求扣 5 分	
		2. 正确规范填写电能表装拆工单		2. 错写、漏写每处扣 2 分	
				3. 涂改每处扣 1 分	
8	现场清理	1. 完工后清理现场	5	1. 未清理现场扣 5 分	
		2. 彻底清理现场		2. 现场清理不彻底每处扣 1 分	
		3. 终结工作票		3. 未终结工作票扣 5 分	
合计			100		

任务三　三相四线电能表经电流互感器新装

【教学目标】

知识目标

（1）熟悉三相四线电能表经电流互感器的安装工作所涉及的工器具。

（2）掌握电力安全工作规程的基本规范。

（3）掌握三相四线电能表经电流互感器新装的基本内容和基本要求。

能力目标

（1）能正确辨识三相四线电能表类型和正确使用相关的安全工器具。

（2）能正确进行三相四线电能表经电流互感器新装的工作流程，并能正确接线。

态度目标

（1）能树立严谨、科学、专注的安全工作意识。

（2）能积极主动学习，勤于思考和分析。

（3）能与小组成员交流协作。

一、三相四线电能计量装置的接线方式

根据用电负荷的大小，三相四线电能表接线方式有：直接接入式和经互感器接入式，如图 1.7 和图 1.8 所示，但居民用户常用的是直接接入式。

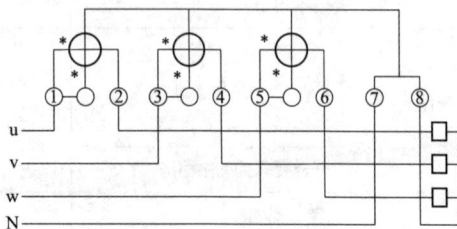

图 1.7　直接接入式

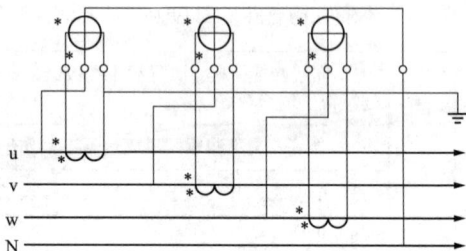

图 1.8　经互感器接入式

从图 1.7 中可以看出，直接接入式的三相四线电能表表尾有 8 个接线端口，从左至右分别对应 1 号端～8 号端。其中 u 相接入黄色导线，v 相接入绿色导线，w 相接入红色导线，中性线 N 接入黑色导线。1 号端口连接 u 相电流进线，2 号端口连接 u 相电流出线，3 号、4 号端口分别连接着 v 相电流进线和电流出线，5 号、6 号端口分别连接着 w 相电流进线和电流出线，7 号、8 号端口接的是中性线，其中 u、v、w 三个电压元件通过电压连片分别与 1 号、3 号、5 号端口相连接。

二、三相四线电能计量装置的接线原理

从图 1.7 中，可看出三相四线电能表电气图形符号是由三个包含十字图形的圆组成的，圆中的横线表示电流元件，竖线表示电压元件。每个元件各有一个端子标有"*"（星号），称为极性端，也称为同名端，电流元件与电压元件的同名端应接到电源的同一根相线上，只有

这样才能实现电能计量。三相四线电能表其实可以看成由三个单相电能表组成，因此有 3 个相同的电能表测量元件，分别对 u、v、w 三相上的负载进行计量。三相四线电能计量的三相总电能就等于 u、v、w 三相电路电能的总和。

A 相电流线从 1 号端口进入，流经电流元件，从 2 号端口出来与负载串联，再经中性线，在用户处形成完整的用电回路，vw 相同理，从而达到能够正确计量用户电量的目的。

图 1.9 所示为经电流互感器接入式三相四线电能表实物接线图，从图中可看出，表尾有 10 个接线端，从左至右依次为 1 号端、2 号端、3 号端、…一直到 10 号端。

其中 1、4、7 端分别连接 u、v、w 相电流互感器二次侧极性端，3、6、9 端分别连接 u、v、w 相电流互感器二次侧非极性端。2、5、8、10 四个端子通过导线分别与 u、v、w 相线及零线相连接。

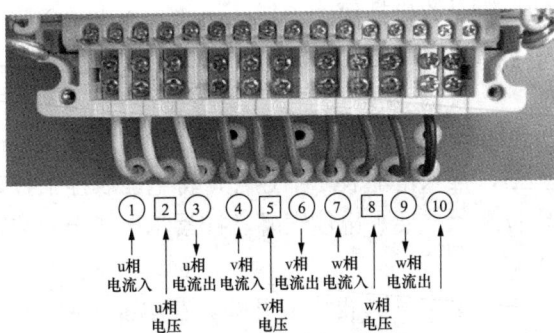

图 1.9 经电流互感器接入式三相四线电能表实物接线图

【实训操作】三相四线电能表经电流互感器新装

一、所需的工器具及材料

（1）安全防护：低压验电笔、安全帽、棉纱手套等。

（2）安装工器具：一字螺丝刀、十字螺丝刀、剥线钳、尖嘴钳、斜口钳、卡簧钳。

（3）安装材料：三相四线电能表、低压电流互感器、低压空气开关（4P）、导轨（长度约为 15cm）、单股铜心绝缘导线 $\Phi4mm^2$（黄、绿、红三种颜色）、单股铜心绝缘导线 $\Phi2.5mm^2$（黄、绿、红、黑四种颜色）、联合接线盒（电压三孔）、螺丝钉、封印、塑料扎带。

（4）打印好的空白低压工作票。

二、实训内容和步骤

1. 操作前安全措施

（1）开具低压工作票。学生规范着装后进入实训室，确定操作工位，模拟工作现场。老师给定工作票填写信息，学生按照低压工作票填写要求，现场填写三相四线电能表安装接线具体安全措施、工作开始与结束时间、工作班成员、补充安全措施等内容。

（2）履行工作许可手续。学生采取口述的方式，以现场老师作为安全工作许可人，模拟现场工作许可。学生口述内容："本次工作任务是对三相四线电能表经电流互感器进行安装接线，工作票已开具，工作任务已清楚，危险点已告知，带电部位已明确，现场安全措施已到位，请求开始许可工作"。现场老师当面许可，口述内容："可以开始工作"。

（3）进行三步式验电。第一步：脱手套，手握验电笔，大拇指抵住验电笔上端金属帽，到有电的插座上进行验电，此时若低压验电笔氖灯发亮，则显示低压验电笔正常。

【注意】：若验电笔氖灯不亮则可能：一是验电插座为零线孔，此时应更换到相线孔进行验电；二是低压验电笔坏了，应更换一支低压验电笔进行验电。

第二步：手握这支低压验电笔到设备外壳进行验电。

【注意】：一定要到设备上找一个金属部位进行验电。此时验电若低压验电笔氖灯发亮，则表明设备外壳带电，说明设备外壳有漏电，有触电危险，应进一步查明外壳带电原因，并处理后才能继续下步操作。若低压验电笔氖灯不亮，此时有两种原因，一是验电笔损坏，此时应更换一支新验电笔重新开始三步式验电；二是设备外壳确无电压；为进一步验证以上原因，必须进行第三步验电。

第三步：手握验电笔，大拇指抵住验电笔上端金属帽，再次到有电的插座上进行验电，此时若低压验电笔氖灯发亮，则显示低压验电笔正常，也再次验证第二步验电结果是正确的。若验电笔氖灯不亮则可能：一是验电插座为零线孔，此时应更换到相线孔进行验电；二是低压验电笔坏了，应更换一支低压验电笔重新进行以上三步式验电。

2. 设备安装

（1）电能表安装。先安装电能表上部挂表螺丝。测量出电能表背部上端螺丝的位置，在设备安装屏上安装好螺丝后，插入电能表背部挂件，将电能表挂上挂表螺丝，再用螺丝刀拧紧电能表下端左右两个定位螺丝，要求电能表螺丝拧紧，电能表安装牢固后，不得倾斜，左右离中心垂直线不超过 1°。

（2）空气开关安装。先安装导轨，再安装开关。在电能表左上侧（电源侧）安装好 4P 空气开关，要求螺丝拧紧，开关安装牢固无倾斜，开关上下端不能装反。

（3）电流互感器安装。按照安装接线图尺寸安装电流互感器，从左至右分别为 A 相、B 相、C 相；互感器底座螺丝安装牢固，二次接线桩头靠下。

（4）联合接线盒安装。按照安装接线图尺寸安装好联合接线盒，注意接线盒安装方向，要求接线盒螺丝拧紧，电压连片方向螺丝松脱后，电压连片能自动掉落，即电压三孔朝上，单孔再朝下。

3. 导线安装

（1）三相四线电能表经电流互感器安装接线图，如图 1.10 所示。

（2）电压回路导线安装要求：现场按照装接屏长度，截取 2.5mm² 单股铜心绝缘导线（黄、绿、红、黑四色）四根，用剥线器分别剥去一端绝缘皮，长度约 1.5～2cm（根据空气开关接线螺丝大小），用卡簧钳夹住导线线心弯成一个端子环，要求端子环开口处不得大于 1mm，端子环大小不超出空气开关接线螺丝垫片的外沿，且垫片不压导线绝缘皮。

将四根导线制作好的端子环分别套入空气开关接线螺丝上，按照导线颜色黄、绿、红、黑的顺序分别接入空气开关接线螺丝 A、B、C、N 四个螺丝，并拧紧螺帽，要求导线端子环的上下必须有垫片。

将四根导线另一头用剥线钳剥离绝缘皮，长度约 2～2.5cm，按黄、绿、红、黑顺序分别接入电能表第 2、5、8、10 接线孔，用螺丝刀拧紧螺丝。

（3）电流回路导线安装要求：现场按照装接屏长度，截取 4.0mm² 单股铜心绝缘导线（黄、绿、红三色），每种颜色两根，共六根导线，用剥线器分别剥去一端绝缘皮，长度约 2～2.5cm（根据互感器二次接线螺丝大小），用卡簧钳夹住导线线心弯成一个端子环，要求端子环开口处不得大于 1mm，端子环大小不超出接线螺丝垫片的外沿，且垫片不压导线绝缘皮。

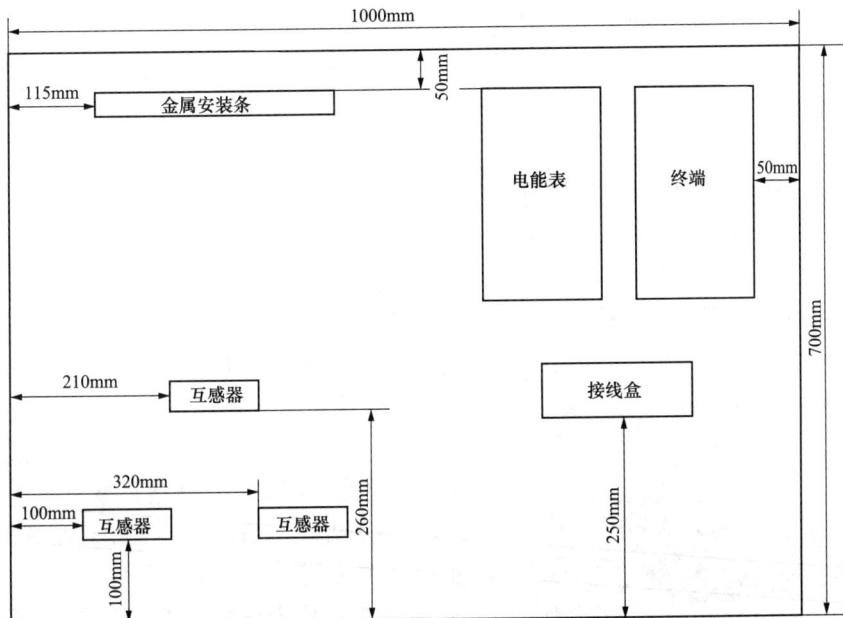

图 1.10　三相四线电能表经电流互感器安装接线图

将两根黄色导线制作好的端子环分别套入 A 相电流互感器二次接线螺丝上，并拧紧螺帽，要求导线端子环的上下必须有垫片。将两根导线另一头用剥线钳剥离绝缘皮，长度约 2～2.5cm，分别接入电能表 A 相电流第 1、4 接线孔，用螺丝刀拧紧螺丝。此时注意不能接错，要求 A 相互感器二次 S_1 端子与电能表第 1 孔连接，A 相互感器 S_2 端子与电能表第 3 孔连接。若顺序接错，将导致电能表不能正确计量。

两根绿色导线分别接 B 相电流互感器二次 S_1、S_2 端子和电能表 B 相电流第 4、6 孔，两根红色导线接 C 相电流互感器二次 S_1、S_2 端子和电能表 C 相第 7、9 孔。B 相互感器二次端子 S_1 连接电能表第 4 孔，B 相互感器二次端子 S_2 连接电能表第 6 孔。C 相互感器二次端子 S_1 连接电能表第 7 孔，C 相互感器二次端子 S_2 连接电能表第 9 孔。

（4）三相四线电能表表尾线安装要求：截取十根导线，其中：2.5mm^2 导线黄、绿、红、黑四色各一根，4.0mm^2 导线黄、绿、红三色各两根。将每根导线两头均剥离绝缘皮，长度约 2～2.5cm，分别按电能表和联合接线盒接线顺序，连接好每根导线，注意电能表接线端子与联合接线盒接线端子的电压、电流排列顺序不一样，若接错导线，将导致不能正确计量。

（5）工艺要求：要求导线安装遵循横平竖直的原则，直线段导线需平直无折弯，转弯处导线需有一定弧度而不能人为用钳子折成 90°弯。屏上走线时要求零线靠内、相线靠外。导线绝缘层无外伤，电能表端子处平视无露铜、无螺丝压绝缘皮，导线端裸露的线头上有均匀的两处螺丝压痕，压痕不能伤及导线铜心。

（6）拧螺丝顺序：在电能表接线端处，应先拧上端螺丝，再拧下端螺丝，在联合接线盒上端处，应先拧下端螺丝，再拧上端螺丝，每处接线端均有两个螺丝须拧紧。

（7）扎线要求：导线转弯处两层均有扎带，扎带距离转弯点不大于 2cm，直线段导线，两扎带间距不得大于 15cm，扎带余线需剪断，且剪断后遗留的扎带余线不超过 2mm。扎带需拉紧不松动，要求定位好的扎带不能左右移动。

（8）联合接线盒导线安装要求：接线盒上端每相电流接第1、3通道，下端每相电流接第2、3通道。接线盒每相上电流连片向左拨并拧紧螺丝，连片呈闭合状态，连接第1、2通道；接线盒每相下电流连片向左拨并拧紧螺丝，连片呈打开状态，断开第2、3通道。

（9）送电与加封：导线安装后进行送电检查，送电前先断开负荷开关，再送上电源开关，通过电能表按钮，翻阅电能表内部电压，确认电压正常后，合上电能表负荷侧开关，确认电能表内部电流正常后，对电能表表盖、编程盖处进行加封。

（10）填写电能表装拆单，抄录电能表和互感器铭牌参数及电能表当前正向有功示数等信息，填写安装时间、安装人，并提请客户签字确认，如图1.11所示。

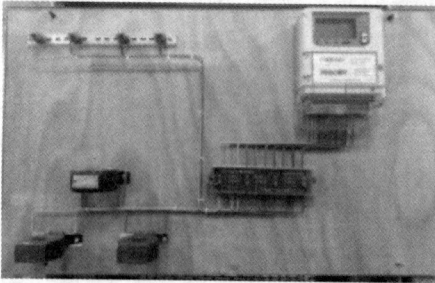

图 1.11 三相四线电能表经互感器
安装示意图

4. 操作结束

（1）操作结束后，再次检查导线安装情况，必须保证安装接线能够实现电能表正确计量。

（2）清理现场，清点收拾工器具及剩余材料，清理现场剥离的绝缘皮、剪断的导线头等废弃料。

（3）在工作票上填写现场操作结束时间，终结工作票，报告操作结束。

三、装接注意事项

（1）操作前，要做好安全组织措施，填写低压工作票，履行安全许可手续。召开班前会，熟知操作工作任务，告知现场危险点，清楚带电部位。

（2）操作前，做好现场安全技术措施，对设备外壳进行三步式验电，验明设备外壳确无电压。

（3）正确选取设备材料。

（4）正确规范使用工器具。

（5）导线选择正确：其中包括导线颜色、导线线径等。

（6）确保电能表接线正确。

四、评分表

三相四线电能表经电流互感器新装评分标准如表1.3所示。

表 1.3　　　　　　三相四线电能表经电流互感器新装评分标准

三相四线电能表经电流互感器新装					
姓名			学号		
序号	作业名称	质量标准	分值	扣分标准	得分
1	安全生产	1. 戴安全帽、手套，穿工作服、绝缘鞋	10	不满足每项扣2分	
		2. 操作前履行工作许可		不满足扣5分	
		3. 操作前对设备外壳进行验电或验电不规范		不满足扣5分	
		4. 操作过程中未发生设备损坏或人身伤害		不满足扣10分	

续表

序号	作业名称	质量标准	分值	扣分标准	得分
2	工作票填写	工作票填写应符合安规、现场工作要求；书写应工整、规范、正确	10	填写错误每项扣 5 分；涂改一处扣 2 分	
3	工具材料	1. 正确使用工具	5	1. 不符合要求每项扣 1 分	
		2. 工具、设备或材料等不得跌落		2. 使用不当、跌落每次扣 1 分	
		3. 材料准备齐全		3. 开始操作后离开工作区域选取每次扣 1 分	
4	设备安装	电能表、互感器、联合接线盒、空气开关安装位置不得超出规定距离 10%	15	不符合每处扣 1 分	
		设备安装水平方向倾斜不得超过 5°		不符合每处扣 1 分	
		设备固定螺丝齐全，且紧固		不符合每处扣 1 分	
5	布线工艺	布线应横平竖直，偏差不超过 5°	15	不符合每处扣 1 分	
		导线不得绞线，导线转角处不得出现死弯		不符合每处扣 0.5 分	
		绑扎带绑扎牢固，余线不超过 3mm，转角处不大于 40mm，直线段不大于 150mm		不符合每处扣 0.2 分	
6	接线工艺	接线端子处平视不露铜心，导线与设备连接不得压导线绝缘皮	15	不符合每处扣 0.5 分	
		接线处全部螺丝与导线接触良好，压接螺丝不得松动		不符合每处扣 0.5 分	
		导线端子环适合，不超过垫片外沿，端子环应闭合，开口不大于 1mm，端子环不得反扣		不符合每处扣 1 分	
		互感器和空气开关处端子环螺丝、垫片齐全		不符合每处扣 0.5 分	
		每根导线余线不超过 200mm		不符合每处扣 1 分	
7	正确计量	施工结果能正确计量	10	不能正确计量，第 5、6、7 项不得分	
		导线按 A、B、C、N，即黄、绿、红、黑自左往右接入电能表接线端，相序正确			
		接线盒电流接线不能直通，电流连片正确		每错一处扣 5 分	
		导线颜色与截面选用正确		不正确每处扣 5 分	
8	设备送电加封	封印规范齐全，压接良好	5	1. 未封印扣 10 分	
				2. 余线未剪每个扣 1 分	
				3. 封印压接不规范、假封一个扣 5 分	
9	工单填写	正确规范填写电能表装拆工单	10	1. 错写、漏写每处扣 2 分	
				2. 涂改每处扣 1 分	
10	现场清理	1. 完工后清理现场	5	1. 未清理现场扣 5 分	
		2. 彻底清理现场		2. 现场清理不彻底每处扣 1 分	
		3. 终结工作票		3. 未终结工作票扣 5 分	
合计			100		

任务四　三相四线电能表经电流互感器换装

【教学目标】

知识目标

（1）熟悉三相四线电能表经电流互感器安装工作所涉及的工器具。

（2）掌握电力安全工作规程的基本规范。

（3）掌握三相四线电能表经电流互感器换装的基本内容和基本要求。

能力目标

（1）能正确说出电力安全工作规程的基本概念，如两票三制、五防、安全距离、安全组织措施和技术措施等。

（2）能正确辨识三相四线经电流互感器电能表类型和正确使用相关的安全工器具。

（3）能正确进行三相四线电能表经电流互感器换装的工作流程，并能正确接线。

态度目标

（1）能树立严谨、科学、专注的安全工作意识。

（2）能严格遵守三相四线电能表经电流互感器换装的相关规程、标准及制度。

（3）能积极主动学习，勤于思考和分析。

（4）能与小组成员交流协作。

一、联合接线盒的结构

（1）正面结构。联合接线盒包括四个单元，其中第一个单元是 U 相连线区域。其中左边为电压连线端钮区，右边为电流连线端钮区。第二单元是 V 相连线区域，第三单元是 W 相连线区域，最右侧是电压零线连线区域，如图 1.12 所示。

联合接线盒由 7 组端子组成，其中，电流端子 3 组（分别对应 UVW 三相），每组上下各有 3 组接线孔（联合接线盒上边有 3 个接线孔，下端也有 3 个接线孔），中间有两组电流连片。电压端子有 4 组（分别对应 UVW 三相和零线），每组上方有 3 个接线孔，下方有 1 个接线孔，中间有一组电压连片。

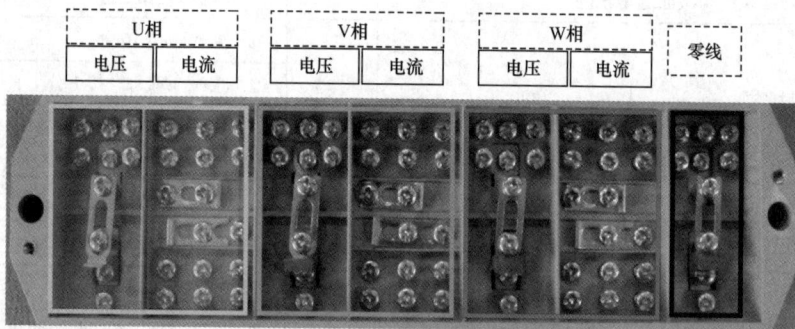

图 1.12　联合接线盒正面图

（2）背面结构。对应着电压连线区的背面，有两个金属导体，每组上方有 1 个金属导体并有 3 个接线孔，下方有 1 个金属导体并有 1 个接线孔，很明显，其电压通道是左右联通，上下断开，金属导体之间的导通和断开通过联合接线盒正面的连片实现，如图 1.13 所示。

对应着电流连线区域的背面，有三个金属体竖直排列，很明显，电流通道为上下联通，左右断开，金属导体之间的导通和断开通过联合接线盒正面的连片实现。

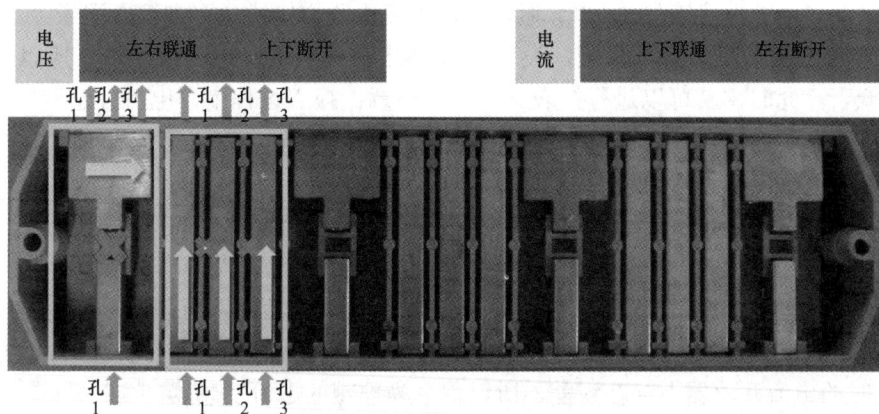

图 1.13　联合接线盒背面图

二、联合接线盒的作用

联合接线盒的主要作用是能够满足计量、试验及换表三种工作状态的需要。

（一）联合接线盒计量状态

联合接线盒计量状态如图 1.14 所示，这种状态的关键是：电压连片导通，电流连片 1、2 之间导通，2、3 之间断开。在这种状态下，电流由联合接线盒下方的第二个端子流入，通过 1、2 之间的连片从上方第一个端子流出，经电能表计量元件后，再从第三个端子流回到互感器二次侧。电压通过连片从上方第一个端子接入电能表计量元件。

（二）联合接线盒试验状态

联合接线盒试验状态如图 1.15 所示，在现实工作中，需要使用标准表定期对电能表进行现场校验，检测它的误差。这种状态的关键是：电压连片导通，电流连片 1、2 之间断开，2、3 之间断开。在这种状态下，电流由联合接线盒下方的第二个端子流入，从上方第二个端子流出，首先通过标准表，然后经联合接线盒下方第一个端子和上方第一个端子流出，其次通过被试表，最后从联合接线盒下方第三个端子流回到互感器二次侧。电压通过连片从上方第一个端子和第三个端子分别接入被试表和标准表中。这样标准表和被试表就接入了相同的电流和电压，可实现误差的检测。

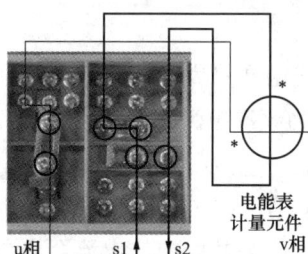

图 1.14　联合接线盒计量状态　　　　　　　　图 1.15　联合接线盒试验状态

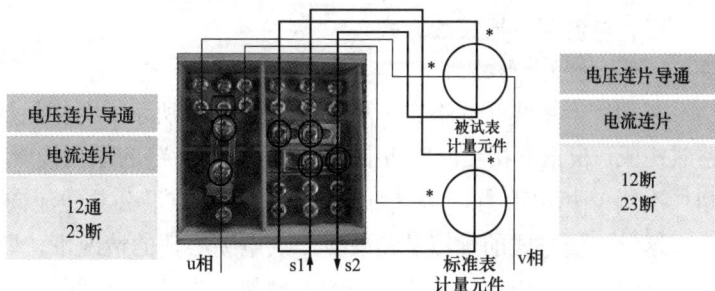

（三）联合接线盒换表状态

联合接线盒换表状态如图 1.16 所示，在现实工作中，如果客户的计量装置出现故障或需要周期换表，就需要更换客户的计量装置。在更换时，为保线证供电可靠性，不能轻易对客户停电，这就要求做到带电换表。这种状态的关键是：电压连片断开，电流连片 2、3 导通。在这种状态下，由于电流连片 2、3 导通，所以电流由联合接线盒下方第二端子经 2、3 连片到下方第三端子流回互感器二次侧，没有经过电能表。电压连片因为断开，所以也没有电压接入电能表。此时，就可以进行换表工作了。注意：换表过程中，电流互感器二次侧不能开路。

三、电流互感器的工作原理

电流互感器主要由一次绕组、二次绕组及铁心组成，电流互感器的原理图如图 1.17 所示。当一次绕组中通过电流时，在铁心上会存在一次磁动势 $I_1 N_1$（N_1 为一次绕组的匝数）。根据电磁感应和磁动势平衡的原理，在二次绕组中就会产生感应电流 I_2，并以二次磁动势 $I_2 N_2$（N_2 为二次绕组的匝数）去抵消一次磁动势 $I_1 N_1$，在理想情况下，磁动势平衡方程式为：$I_1 N_1 + I_2 N_2 = 0$ 此时的电流互感器不存在误差，所以称之为理想的电流互感器。

在实际中，理想的电流互感器是不存在的。因为，要使电磁感应这一能量转换形式持续存在，就必须持续供给铁心一个励磁磁动势 $I_0 N_1$。所以，在实际的电流互感器中，磁动势平衡方程式为：$I_1 N_1 + I_2 N_2 = I_0 N_1$。可见，励磁磁动势的存在是电流互感器产生误差的主要原因。

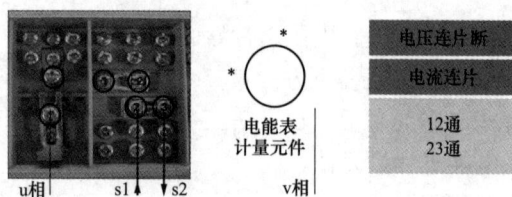

图 1.16　联合接线盒换表状态

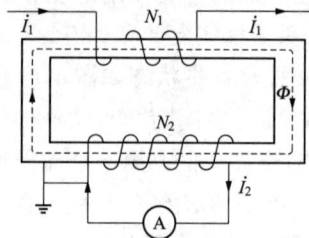

图 1.17　电流互感器的原理图

四、电流互感器极性

互感器的极性对电能计量装置的正确运行有着重大影响。目前，我国计量用互感器大多采用减极性连接，如图 1.18 所示，如从互感器一次绕组的一个端子与二次绕组的一个端子观察，电流 I_1、I_2 的瞬时方向是相反的，也就是一次瞬时电流流入互感器时，二次瞬时电流从互感器流出，这样的极性关系就称为减极性。凡符合减极性特性的一、二次侧端钮为同极性端。

五、电流互感器接线方式

（一）两相星形接线

两相星形接线又称不完全星形，如图 1.19 所示。两相星形接线由 2 只完全相同的电流互感器构成，根据三相交流电路中三相电流之和为零的原理构成。因为一次电流 $\dot{I}_u + \dot{I}_v + \dot{I}_w = 0$，则二次侧 V 相电流为 $-\dot{I}_v = \dot{I}_u + \dot{I}_w$，即由公共点沿公共线流向负荷。

这种接线方式的优点是在减少二次电缆心数的情况下，取得了第三相（一般为 V 相）电流。其缺点是：由于只有 2 只电流互感器，当其中一点相性接反时，公共线中的电流会变为两相电流的向量差，因而会造成错误计量，且错误接线的概率较高，给现场单相法校验电能表带来困难。两相星形接线主要用于小电流接地的三相三线系统。

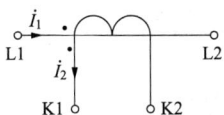

图 1.18　减极性连接

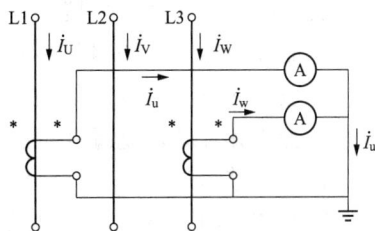

图 1.19　两相星形接线

（二）三相星形接线

三相星形接线又称为完全星形接线，如图 1.20 所示，它由 3 只完全相同的电流互感器构成，适用于高电压大电流接地系统、发电机二次回路、低压三相四线制电路。采用此种接线方式，二次回路的电缆心数较少。但由于二次绕组流过的电流分别为 I_u、I_v、I_w，当三相负荷不平衡时，公共线中有电流 I_n 流过。此时，若公共线断开就会产生计量误差，因此，公共线不允许开路。

（三）分相接线

图 1.21 所示为用于三相四线系统的分相接线。在三相三线系统中也可采用类似的分相接线，采用分相接线虽然会增加二次回路的电缆心数，但可减少错误接线的概率，提高测量的可靠性和准确度，并给现场检验电能表和检查错误带来方便，是接线的首选方式。在 DL/T 447—2000《电能计量装置技术管理规程》中将这种接线方式列为标准接线方式。

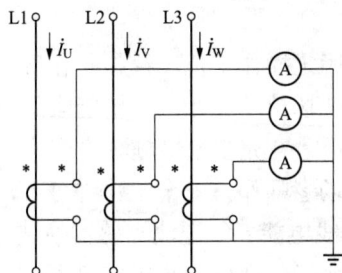

图 1.20　三相星形接线

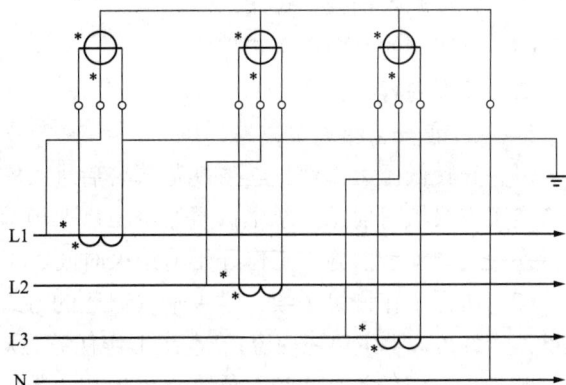

图 1.21　分相接线

六、电流互感器使用注意事项

（1）正确接线，注意极性。使一次绕组电流从 P1 流入、P2 流出，二次绕组电流从 S1 流出，经电能表的电流回路流回到 S2。遵守"串联原则"和"减极性原则"：一次绕组与被测电流串联，二次绕组和所有仪表的电流回路串联。通常在互感器上都有接线标志牌，它标明了各端子的接线方法，要注意识别和遵守。在电能表和互感器连接时还要注意同极性端，同极性端常以符号"·"或"*"或字母表示。电流互感器的 P1（L1）与 S（K1）均为同极性端，连接时同极性端要对应，否则可能导致电能表反转。

（2）运行中的电流互感器二次侧不允许开路。如果需要校验或更换电流互感器二次回路中的测量仪表，应短接导线或短接铜片将电流互感器二次接线端子短接。

运行中电流互感器二次绕组开路的后果为：二次出现峰值高压（可达数千伏），会危及工作人员和测量设备的安全；互感器磁通密度增大，会增加铁心损耗，损坏铁心和绕组，互感器出现过热，会损坏互感器绝缘并可能烧坏互感器；铁心中产生剩磁严重，会影响互感器的准确度，使计量误差增加。

（3）运行中的电流互感器二次侧应与铁心和外壳一同可靠接地，以防止一次、二次绕组之间绝缘击穿危及人身和设备的安全。但是，在电流互感器的二次回路的一端与其二次回路的相线相连（简称二次带电压接法）时二次侧不能接地；低压电流互感器二次侧可以不接地；电流互感器的保护只能一点接地。

（4）二次实际负荷不要超过其二次额定负荷（伏安数或欧姆值），否则电流互感器的准确度将降低，甚至会导致电流互感器过负荷烧坏。

（5）电流互感器的额定电压应与系统电压相适应。

（6）使用前应进行检定。只有通过了检定并合格的电流互感器，才能保证运行时的安全性、准确性、正确性。

【实训操作】三相四线电能表经电流互感器的换装

一、所需的工器具及材料

（1）安全防护：低压验电笔、安全帽、棉纱手套等。

（2）安装工器具：一字螺丝刀、十字螺丝刀、剥线钳、尖嘴钳、斜口钳、卡簧钳。

（3）安装材料：三相四线电能表（电流规格 3×1.5（6）A、电压规格 3×220/380V），绝缘胶带，绝缘套管标识；封印。

（4）打印好的空白低压工作票。

二、实训内容和步骤

1. 操作前安全措施

（1）开具低压工作票。学生规范着装后进入实训室，确定操作工位，模拟工作现场，老师给定工作票填写信息，学生按照低压工作票填写要求，现场填写三相四线电能表经电流互感器换装具体安全措施、工作开始与结束时间、工作班成员、补充安全措施等内容。

（2）履行工作许可手续。学生采取口述的方式，以现场老师作为安全工作许可人，模拟现场工作许可。学生口述内容："本次工作任务是对三相四线电能表经电流互感器换装，工作票已开具，工作任务已清楚，危险点已告知，带电部位已明确，现场安全措施已到位，请求开始许可工作"。现场老师当面许可，口述内容："可以开始工作"。

（3）进行三步式验电。第一步：脱手套，手握验电笔，大拇指抵住验电笔上端金属帽，到有电的插座上进行验电，此时若低压验电笔氖灯发亮，则显示低压验电笔正常。

【注意】：若验电笔氖灯不亮则可能：一是验电插座为零线孔，此时应更换到相线孔进行验电；二是低压验电笔坏了，应更换一支低压验电笔进行验电。

第二步：手握这支低压验电笔到设备外壳进行验电。

【注意】：一定要到设备上找一个金属部位进行验电。此时验电若低压验电笔氖灯发亮，则表明设备外壳带电，说明设备外壳有漏电，有触电危险，应进一步查明外壳带电原因，并处理后才能继续下步操作。若低压验电笔氖灯不亮，此时有两种原因，一是验电笔损坏，此时应更换一支新验电笔重新开始三步式验电；二是设备外壳确无电压；为进一步验证以上原因，必须进行第三步验电。

第三步：手握验电笔，大拇指抵住验电笔上端金属帽，再次到有电的插座上进行验电，此时若低压验电笔氖灯发亮，则显示低压验电笔正常，也再次验证第二步验电结果是正确的。

【注意】：若验电笔氖灯不亮则可能：一是验电插座为零线孔，此时应更换到相线孔进行验电；二是低压验电笔坏了，应更换一支低压验电笔重新进行以上三步式验电。

2. 电能表换装

（1）换装前连片调节。先将联合接线盒下端 A、B、C 各相电流连片依次向右拨，并拧紧各连片螺丝，短接电路回路，然后依次拧松联合接线盒 A、B、C、N 各相电压连片，同时向下拨断开各相电压连片。

（2）电能表更换。拆除旧电能表及导线：从左往右，依次拧松电能表各相电压电流接线端口各螺丝，拆下的导线裸露线头做好标识，同时进行绝缘处理。然后拧松电能表下端左右两个固定螺丝，拆下旧电能表。

安装新电能表：先在设备屏上调节好电能表挂表螺丝位置后，插入新电能表背部挂件，将新电能表挂上挂表螺丝，再用螺丝刀拧紧电能表下端左右两个固定螺丝，要求新电能表螺丝拧紧，电能表安装牢固，不得倾斜，左右离中心垂直线不超过 1°。

新电能表接线端口导线连接：按照旧电能表拆下导线上的标识，拆除所做的绝缘，从左往右依次将导线安装到新电能表上。导线安装时注意：先接零线，后接相线。

（3）换装后连片调节。先依次向左拨开联合接线盒下端 A、B、C 各相电流连片，后向上依次合上 N、A、B、C 各相电压连片。

（4）送电检查与加封。换装后进行送电检查，通过电能表按钮，翻阅电能表内部电压电流数值，确认电压正常后，在电能表表盖和联合接线盒上进行加封。

填写电能表装拆单，抄录新旧电能表铭牌参数及新旧电能表当前正向有功总示数，填写安装时间、安装人姓名，并提请客户签字确认。

3. 操作结束

（1）操作结束后，再次检查导线安装情况，必须保证换装后接线能够实现电能表正确计量。

（2）清理现场，清点收拾工器具及剩余材料，清理现场剥离的绝缘皮、剪断的导线头等废弃料。

（3）在工作票上填写现场工作结束时间，终结工作票，报告操作结束。

三、换接注意事项

（1）操作前，要做好安全组织措施，填写低压工作票，履行安全许可手续。召开班前会，熟知操作工作任务，告知现场危险点，清楚带电部位。

（2）操作前，做好现场安全技术措施，对设备外壳进行三步式验电，验明设备外壳确无电压。

（3）换装前正确调节连片，使旧电能表无电压电流接入。

（4）正确规范安装新电能表，正确连接电能表表尾端各相导线。

（5）换装后正确调节连片，使新电能表能正确接入电压电流，恢复正确计量状态。

（6）抄录新旧电能表铭牌各参数及当前正向有功总底码等信息。

四、评分表

三相四线电能表经电流互感器换装评分标准如表 1.4 所示。

表 1.4　　　　　　　　**三相四线电能表经电流互感器换装评分标准**

三相四线电能表经电流互感器换装

姓名				学号		
序号	作业名称	质量标准	分值	扣分标准		得分
1	安全生产	1. 戴安全帽、手套，穿工作服、绝缘鞋	10	不满足每项扣 2 分		
		2. 操作前履行工作许可		不满足扣 5 分		
		3. 操作前对设备外壳进行验电或验电不规范		不满足扣 5 分		
		4. 操作过程中未发生设备损坏或人身伤害		不满足扣 10 分		
2	工作票填写	工作票填写应符合安规、现场工作要求；书写应工整、规范、正确	10	填写错误每项扣 5 分；涂改一处扣 2 分		
3	工具材料	1. 正确使用工具	5	1. 不符合要求每项扣 1 分		
		2. 工具、设备或材料等不得跌落		2. 使用不当、跌落每次扣 1 分		
		3. 材料准备齐全		3. 开始操作后离开工作区域选取每次扣 1 分		
4	连片调节	1. 换装前、后联合接线盒各相电压、电流连片调节正确	15	不符合本项不得分		
		2. 拆下的导线进行绝缘处理		不符合每项扣 2 分		
		3. 拆下的导线做好标识		不符合每项扣 2 分		
5	电能表更换	更换电能表	10	未换表第 5、6、7、8 项不得分		
		新电能表安装牢固，安装水平方向倾斜不得超过 1°		不符合每处扣 2 分		
		设备固定螺丝齐全，且紧固		不符合每处扣 1 分		
6	导线安装	接线端子处平视不露铜心，导线与设备连接不得压导线绝缘皮	20	不符合每处扣 1 分		
		接线处全部螺丝与导线接触良好，压接螺丝不得松动		不符合每处扣 1 分		
		导线安装螺丝齐全，螺丝应拧紧		不符合每处扣 1 分		
		导线应横平竖直，偏差不超过 5°		不符合每处扣 1 分		
		导线不得绞线，导线转角处不得出现死弯		不符合每处扣 0.5 分		
7	正确计量	换装后导线头须先拆除所做的绝缘处理，再接入新电能表，实现正确计量	10	不能正确计量，第 5、6、7、8 项不得分		
		导线按 A、B、C、N，即黄、绿、红、黑自左往右接入电能表接线端，相序正确				
		接线盒电流线不能直通，电流连片正确		每错一处扣 5 分		
		导线颜色与截面安装正确		不正确每处扣 2 分		

续表

序号	作业名称	质量标准	分值	扣分标准	得分
8	设备送电加封	封印规范齐全，压接良好	5	1．未封印扣 5 分	
				2．余线未剪每个扣 1 分	
				3．封印压接不规范、假封一个扣 2 分	
9	工单填写	正确规范填写电能表装拆工单	10	1．错写、漏写每处扣 2 分	
				2．涂改每处扣 1 分	
10	现场清理	1．完工后清理现场	5	1．未清理现场扣 5 分	
		2．彻底清理现场		2．现场清理不彻底每处扣 1 分	
		3．终结工作票		3．未终结工作票扣 5 分	
合计			100		

项目二　高压计量装置的安装

任务一　三相三线电能表经电压电流互感器新装

【教学目标】

知识目标

（1）熟悉三相三线电能表安装工作所涉及的工器具。

（2）掌握电力安全工作规程的基本规范。

（3）掌握三相三线电能表新装的基本内容和基本要求。

能力目标

（1）能正确说出电力安全工作规程的基本概念，如两票三制、五防、安全距离、安全组织措施和技术措施等。

（2）能正确辨识三相三线电能表类型和正确使用相关的安全工器具。

（3）能正确进行三相三线电能表新装的工作流程，并能正确接线。

态度目标

（1）能树立严谨、科学、专注的安全工作意识。

（2）能严格遵守三相三线电能表安装相关规程、标准及制度。

（3）能积极主动学习，勤于思考和分析。

（4）能与小组成员交流协作。

一、三相三线电能表的接线方式

三相三线电能表的接线方式主要分为两种，一种是直接接入式，另一种是经互感器接入式，如图 1.22 和图 1.23 所示。

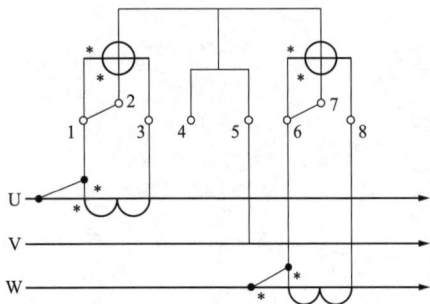

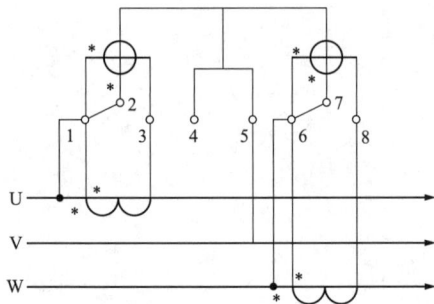

图 1.22　直接接入式　　　　　　图 1.23　经电流互感器接入式

图 1.22 所示为三相三线电能表的标准接线方式。此种接线方用于没有中性线的三相三线系统电能的计量。且不论负荷是电感性、电容性还是电阻性，也不论负荷是否三相对称，均

能正确计量。

　　这种电能表的接线盒有 8 个接线端子，从左向右编号为 1、2、3、4、5、6、7、8，其中 1、4、6 是进线，用来连接电源的 UVW 三根相线，3、5、8 是出线，三根相线从这里引出分别接到出线总开关的三个进线桩头上，2、7 是连通电压线圈的端子。在直接接入式电能表的接线盒内有 2 块连接片，分别连接 1 与 2、6 与 7，这 2 块连接片不可拆下，并应连接可靠。

　　图 1.23 为三相三线电能表经电流互感器接入时的接线，其接线也可分为电压线共用方式和电压线分开方式两种，如图 1.24 所示。

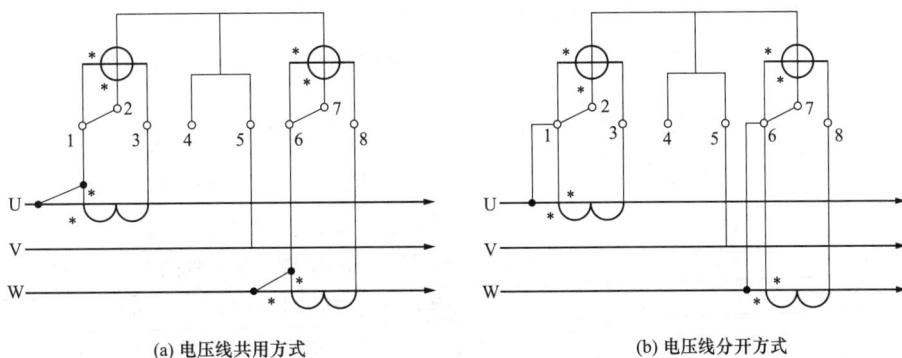

(a) 电压线共用方式　　　　　　　　　　　　(b) 电压线分开方式

图 1.24　三相三线电能表经电流互感器接入时的接入方式

　　当采用图 1.24（a）所示的共用方式时，虽然接线方便，还可减少电缆心数，但当发生接线错误时，如端子 4 与端子 1、3、5、7 中的任何一个位置互换时，便会造成相应的电流线圈因短路而烧坏等事故。当采用分开方式时，虽然所用电缆心数增加，但不易造成上述短路故障，而且还有利于电能表的现场检测。所以，分开方式较为多用。

　　三相三线电能表一般用户负荷量大，且电压高、电流大，考虑到稳定性、经济性的因素，一般采用同时经过电压互感器和电流互感器接入式，如图 1.25 所示。

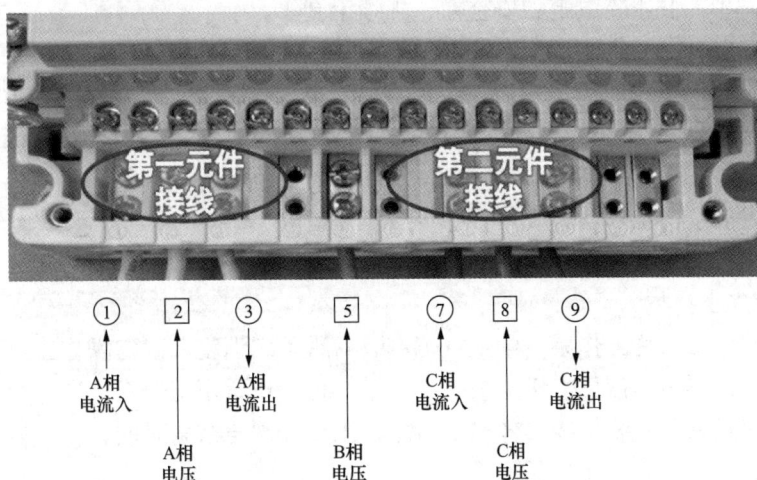

图 1.25　经电流电压互感器接入式的三相三线电能表实物接线图

　　图 1.25 中这块电表表尾有 9 个接线端口号，从左至右依次为 1 号端，2 号端，3 号端，…，

9 号端。三相三线电能表用在三相三线制电路中，采用的是两元件法计量功率，只要取得 U 相和 W 相电流电压及 V 相电压，就可以正常计量了，所以表尾只需接 7 根线。U 相接入黄色导线，V 相接入绿色导线，W 相接入红色导线，其中 1 号端口是 U 相电流进线、3 号端口是 U 相电流出线、中间的 2 号端口是 U 相电压进线，同理 7 号、9 号端口分别是 W 相电流进线和电流出线、8 号端口是 W 相电压进线，中间的 5 号端口就是 V 相电压进线，这就是三相三线电能表接线方式。

二、三相三线电能表经电压电流互感器接线原理

三相三线电能表经电压电流互感器接线图，如图 1.26 所示。

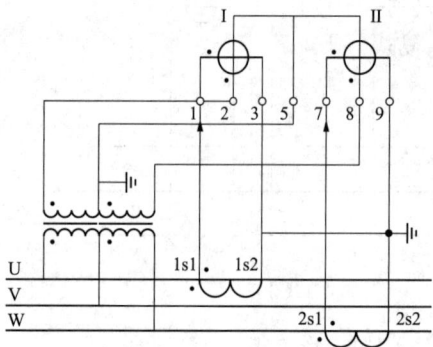

图 1.26　三相三线电能表经
电流电压互感器接线图

三相三线电能表采用的是两元件法，所以有 2 个相同测量元件符号。电路中接入了电压互感器和电流互感器。电压互感器采用 V 形接线，一次侧分别接入 UVW 三相电压线，二次侧对应接入电能表的 2 号、5 号和 8 号电压端口。电流互感器，采用的是分相接线，所以在 U 相和 W 相分别接有电流互感器。一次侧分别接入 U、W 相电源，二次侧从 S1 端流入电能表的 1 号端口，再从 3 号端口流出至二次侧的 S2 端，形成回路，W 相同理。两者之和就是用户的实际用电量。

在高压三相三线系统中，电压互感器一般采用 V 形接线，且在二次侧 V 接地，这种接线的优点是可节省 1 台单相电压互感器，同时也便于检查电压二次回路的接线。当然也可以采用 Y 形接线，这时应在二次侧中性点接地，电流互感器二次侧也必须有一点接地。

【**实训操作**】**三相三线电能表经电压电流互感器新装**

一、所需的工器具及材料

（1）安全防护：低压验电笔、安全帽、棉纱手套等。

（2）安装工器具：一字螺丝刀、十字螺丝刀、剥线钳、尖嘴钳、斜口钳、卡簧钳。

（3）安装材料：三相三线电能表（电流规格 3×1.5（6）A、电压规格 3×100V）、单股铜心绝缘导线 $\Phi 4mm^2$（黄、红二种颜色）、单股铜心绝缘导线 $\Phi 2.5mm^2$（黄、绿、红、黑四种颜色）、封印。

（4）打印好的空白工作票。

二、实训内容和步骤

1. 操作前安全措施

（1）开具配电第二种工作票。学生规范着装后进入实训室，确定操作工位，模拟工作现场，老师给定工作票填写信息，学生按照配电第二种工作票填写要求，现场填写三相三线电能表经电压电流互感器安装接线具体安全措施、工作开始与结束时间、工作班成员、补充安全措施等内容。

（2）履行工作许可手续。学生采取口述的方式，以现场老师作为安全工作许可人，模拟现场工作许可。学生口述内容："本次工作任务是对三相三线电能表经电压电流互感器进行新装接线，工作票已开具，工作任务已清楚，危险点已告知，带电部位已明确，现场安全措施已到位，请求开始许可工作"。现场老师当面许可，口述内容："可以开始工作"。

（3）进行三步式验电。第一步：脱手套，手握验电笔，大拇指抵住验电笔上端金属帽，到有电的插座上进行验电，此时若低压验电笔氖灯发亮，则显示低压验电笔正常。

【注意】：若验电笔氖灯不亮则可能：一是验电插座为零线孔，此时应更换到相线孔进行验电；二是低压验电笔坏了，应更换一支低压验电笔进行验电。

第二步：手握这支低压验电笔到设备外壳进行验电。

【注意】：一定要到设备上找一个金属部位进行验电。此时验电若低压验电笔氖灯发亮，则表明设备外壳带电，说明设备外壳有漏电，有触电危险，应进一步查明外壳带电原因，并处理后才能继续下步操作。若低压验电笔氖灯不亮，此时有两种原因，一是验电笔损坏，此时应更换一支新验电笔重新开始三步式验电；二是设备外壳确无电压；为进一步验证以上原因，必须进行第三步验电。

第三步：手握验电笔，大拇指抵住验电笔上端金属帽，再次到有电的插座上进行验电，此时若低压验电笔氖灯发亮，则显示低压验电笔正常，也再次验证第二步验电结果是正确的。

【注意】：若验电笔氖灯不亮则可能：一是验电插座为零线孔，此时应更换到相线孔进行验电；二是低压验电笔坏了，应更换一支低压验电笔重新进行以上三步式验电。

2. 电能表安装

根据操作柜挂表螺丝和固定螺丝的位置尺寸，调节好电能表背部挂件，将电能表挂上挂表螺丝，再用螺丝刀拧紧电能表下端左右两个固定螺丝，要求电能表螺丝拧紧，电能表安装牢固，不得倾斜，左右离中心垂直线不超过1°。

注意：本模块项目"三相三线电能表经电压电流互感器安装接线"操作设备为 WT-F01 高压电能计量培训柜，柜内电压、电流互感器和联合接线盒在出厂时均已安装固定，故电压、电流互感器和联合接线盒的安装操作不属于本项目教学内容。

3. 导线安装

（1）电压二次回路安装。

1）电压互感器二次接地线安装。截取一根 $\Phi 2.5\text{mm}^2$ 黑色单股铜心绝缘导线，长度均约 1m，在距离一头 25cm 处，用剥线钳将绝缘皮剪断（注意不要损伤导线），并剥掉 5cm 绝缘皮（剥皮长度可稍稍大于 5cm，但不能短太多），用卡簧钳夹住，并完成"Ω"形状的端子环，将导线做成"Ω"形状，套接在培训柜内接地螺丝上，上下均用垫片盖住。将接地导线的两头按以上方法各制作一个"Ω"形状端子环，将一头套接在 A 相电压互感器二次"x"端，将另一头套接在 C 相电压互感器二次"a"端，端子环上下均盖有一个垫片，拧紧螺丝。

2）电压二次 A 相回路安装。量取 A 相电压互感器二次"a"端至联合接线盒之间的距离，截取一根 $\Phi 2.5\text{mm}^2$ 黄色单股铜心绝缘导线，用以上方法，在导线一头制作一个"Ω"形状端子环，套接在 A 相电压互感器二次"a"接线螺丝上，上下用垫片盖住，并拧紧螺丝；导线另一头用剥线钳剥离约 1.5～2cm 绝缘皮后，插入联合接线盒下端 A 相电压接线孔，并用螺丝刀拧紧螺丝。

3）电压二次 B 相回路安装。用与以上 A 相导线相同的方法，截取一根 $\Phi 2.5\text{mm}^2$ 绿色单股铜心绝缘导线，一头制作"Ω"形状端子环，套接在 A 相电压互感器二次"x"接线螺丝上，一头接入联合接线盒下端 B 相电压接线孔，并用螺丝刀拧紧螺丝。

4）电压二次 C 相回路安装。用与以上 A 相导线相同的方法，截取一根 $\Phi2.5mm^2$ 红色单股铜心绝缘导线，一头制作"Ω"形状端子环，套接在 C 相电压互感器二次"x"接线螺丝上，一头接入联合接线盒下端 C 相电压接线孔，并用螺丝刀拧紧螺丝。

（2）电流二次回路安装。

1）电流互感器二次接地线安装。截取一根 $\Phi2.5mm^2$ 黑色单股铜心绝缘导线，长度均约 1m，在距离导线一头 25cm 处，用剥线钳将绝缘皮剪断（注意不要损伤导线），并剥掉 5cm 绝缘皮（剥皮长度可稍稍大于 5cm，但不能短太多），用卡簧钳夹住，并完成"Ω"形状的端子环，将导线做成"Ω"形状，套接在培训柜内接地螺丝上，上下均用垫片盖住。将接地导线的两头按以上方法各制作一个"Ω"形状端子环，将一头套接在 A 相电流互感器二次 S_2 端，将另一头套接在 C 相电流互感器二次 S_2 端，端子环上下均盖有一个垫片，拧紧螺丝。

2）电流二次 A 相回路安装。量取 A 相电流互感器二次 S_1 端至联合接线盒之间的距离，截取一根 $\Phi4.0mm^2$ 黄色单股铜心绝缘导线，在导线一头制作一个"Ω"形状端子环，套接在 A 相电流互感器二次 S_1 接线螺丝上，上下用垫片盖住，并拧紧螺丝；导线另一头用剥线钳剥离约 1.5～2cm 绝缘皮后，插入联合接线盒下端 A 相电流第 2 通道接线孔，并用螺丝刀拧紧螺丝。再截取一根 $\Phi4.0mm^2$ 黄色单股铜心绝缘导线，在导线一头制作一个"Ω"形状端子环，套接在 A 相电流互感器二次 S_2 接线螺丝上，上下用垫片盖住，并拧紧螺丝；导线另一头用剥线钳剥离约 1.5～2cm 绝缘皮后，插入联合接线盒下端 A 相电流第 3 通道接线孔，并用螺丝刀拧紧螺丝。

3）电流二次 C 相回路安装。量取 C 相电流互感器二次 S_1 端至联合接线盒之间的距离，截取一根 $\Phi4.0mm^2$ 红色单股铜心绝缘导线，在导线一头制作一个"Ω"形状端子环，套接在 C 相电流互感器二次 S_1 接线螺丝上，上下用垫片盖住，并拧紧螺丝；导线另一头用剥线钳剥离约 1.5～2cm 绝缘皮后，插入联合接线盒下端 C 相电流第 2 通道接线孔，并用螺丝刀拧紧螺丝。再截取一根 $\Phi4.0mm^2$ 红色单股铜心绝缘导线，在导线一头制作一个"Ω"形状端子环，套接在 C 相电流互感器二次 S_2 接线螺丝上，上下用垫片盖住，并拧紧螺丝；导线另一头用剥线钳剥离约 1.5～2cm 绝缘皮后，插入联合接线盒下端 C 相电流第 3 通道接线孔，并用螺丝刀拧紧螺丝。

（3）互感器二次回路导线绑扎。导线转弯处两层均有扎带，扎带距离转弯点不大于 2cm，直线段导线两扎带间距不得大于 15cm，扎带余线需剪断，且剪断后遗留的扎带余线不超过 2mm；扎带需拉紧不松动，要求定位好的扎带不能左右移动。

（4）电能表表尾线安装。在安装屏上量取电能表表尾接线端至联合接线盒上端之间的长度，并截取七根导线，其中：2.5mm² 导线黄、绿、红三色各一根，$\Phi4.0mm^2$ 绝缘导线黄、红两色各两根。将每根导线两头均剥离绝缘皮，长度约 2～2.5cm，分别按电能表和联合接线盒接线顺序，连接好每根导线，注意电能表接线端子与联合接线盒接线端子的电压、电流排列顺序不一样，切勿接错导线，否则将导致不能正确计量。

【注意】：拧螺丝顺序：在电能表接线端处，应先拧上端螺丝，再拧下端螺丝，在联合接线盒上端处，应先拧下端螺丝，再拧上端螺丝，每处接线端均有两个螺丝需拧紧。

（5）联合接线盒连片调节。先合上各相电压连片，然后将联合接线盒下端 A、C 相电流连片向左拨开，打开这两个下电流连片，让电能表呈现计量状态。

4. 操作结束

（1）操作结束后，再次检查导线安装情况，必须保证安装接线能够实现电能表正确计量。

（2）送电检查与加封。送上电源后，通过电能表按钮，翻阅电能表内部电压、电流数值，确认正常后，在电能表表盖、编程盖和接线盒上进行加封。

（3）填写电能表装拆单，抄录电能表、互感器铭牌参数及电能表当前正向有功示数，填写安装时间、安装人，并提请客户签字确认。

（4）清理现场，清点收拾工器具及剩余材料，清理现场剥离的绝缘皮、剪断的导线头等废弃料。

（5）在工作票上填写现场操作结束时间，终结工作票，报告操作结束。

三、换接注意事项

（1）操作前，要做好安全组织措施，填写好工作票，履行安全许可手续。召开班前会，熟知操作工作任务，告知现场危险点，清楚带电部位。

（2）操作前，做好现场安全技术措施，对设备外壳进行三步式验电，验明设备外壳确无电压。

（3）正确选取设备材料。

（4）正确规范使用工器具。

（5）导线选择正确：包括导线颜色、导线线径等。

（6）注意互感器二次接线时极性与电能表一致，正确调节好连片，确保电能表接线正确。

四、评分表

三相三线电能表经电压电流互感器新装评分标准如表 1.5 所示。

表 1.5　　　　　　　　**三相三线电能表经电压电流互感器新装评分标准**

三相三线电能表经电压电流互感器新装					
姓名			学号		
序号	作业名称	质量标准	分值	扣分标准	得分
1	安全生产	1. 戴安全帽、手套，穿工作服、绝缘鞋	10	不满足每项扣 2 分	
		2. 操作前履行工作许可		不满足扣 5 分	
		3. 操作前对设备外壳进行验电或验电不规范		不满足扣 5 分	
		4. 操作过程中未发生设备损坏或人身伤害		不满足扣 10 分	
2	工作票填写	工作票填写应符合安规、现场工作要求；书写应工整、规范、正确	10	填写错误每项扣 5 分；涂改一处扣 2 分	
3	工具材料	1. 正确使用工具	5	1. 不符合要求每项扣 1 分	
		2. 工具、设备或材料等不得跌落		2. 使用不当、跌落每次扣 1 分	
		3. 材料准备齐全		3. 开始操作后离开工作区域选取每次扣 1 分	

序号	作业名称	质量标准	分值	扣分标准	得分
4	设备安装	电能表安装位置不得超出规定距离10%	5	不符合每处扣1分	
		设备安装水平方向倾斜不得超过5°		不符合每处扣1分	
		设备固定螺丝齐全,且紧固		不符合每处扣1分	
5	布线工艺	布线应横平竖直,偏差不超过5°	20	不符合每处扣1分	
		导线不得绞线,导线转角处不得出现死弯		不符合每处扣0.5分	
		绑扎带绑扎牢固,余线不超过3mm,转角处不大于40mm,直线段不大于150mm		不符合每处扣0.2分	
6	接线工艺	接线端子处平视不露铜心,导线与设备连接不得压导线绝缘皮	20	不符合每处扣0.5分	
		接线处全部螺丝与导线接触良好,压接螺丝不得松动		不符合每处扣0.5分	
		导线端子环适合,不超过垫片外沿,端子环应闭合,开口不大于1mm,端子环不得反扣		不符合每处扣1分	
		互感器二次端子和接地螺丝处端子环螺丝、垫片齐全		不符合每处扣0.5分	
		每根导线余线不超过200mm		不符合每处扣1分	
7	正确计量	互感器二次接线极性正确,施工结果能正确计量	10	不能正确计量,第5、6、7项不得分	
		导线按A、B、C,即黄、绿、红顺序自左往右接入电能表接线端,相序正确			
		接线盒电流接线不能直通,电流连片正确		每错一处扣5分	
		导线颜色与截面选用正确		不正确每处扣5分	
8	设备送电加封	封印规范齐全,压接良好	5	1. 未封印扣10分	
				2. 余线未剪每个扣1分	
				3. 封印压接不规范、假封一个扣5分	
9	工单填写	正确规范填写电能表装拆工单	10	1. 错写、漏写每处扣2分	
				2. 涂改每处扣1分	
10	现场清理	1. 完工后清理现场	5	1. 未清理现场扣5分	
		2. 彻底清理现场		2. 现场清理不彻底每处扣1分	
		3. 终结工作票		3. 未终结工作票扣5分	
合计			100		

任务二　三相三线电能表经电压电流互感器换装

【教学目标】

知识目标

（1）熟悉三相三线电能表安装工作所涉及的工器具。

（2）掌握电力安全工作规程的基本规范。

（3）掌握三相三线电能表换装的基本内容和基本要求。

能力目标

（1）能正确说出电力安全工作规程的基本概念，如两票三制、五防、安全距离、安全组织措施和技术措施等。

（2）能正确辨识三相三线电能表类型和正确使用相关的安全工器具。

（3）能正确进行三相三线电能表换装的工作流程，并能正确接线。

态度目标

（1）能树立严谨、科学、专注的安全工作意识。

（2）能严格遵守三相三线电能表安装相关规程、标准及制度。

（3）能积极主动学习，勤于思考和分析。

（4）能与小组成员交流协作。

一、电压互感器的工作原理

电压互感器的作用是将高电压按比例转换成低电压，电压互感器的工作原理如图 1.27 所示。电压互感器实际上是一个带铁心的变压器。它主要由一次绕组、二次绕组、铁心和绝缘组成。当在一次绕组上施加一个电压 U_1 时，在铁心中产生磁通，根据电磁感应定律，在二次绕组中就会产生二次电压 U_2。改变一次绕组或二次绕组的匝数，可以产生不同的一次电压与二次电压比，这就可组成不同电压比的电压互感器。

当电压互感器一次绕组上施加一个电压 U_1 时，在铁心中产生一个磁通，这就一定会产生励磁电流 I_0。由于一次绕组存在电阻和漏抗，所以 I_0 在内阻抗上会产生电压降，这就形成了电压互感器的空负荷误差。当二次绕组接有负荷时，二次绕组中产生负荷电流，为了保持磁通不变，此时一次绕组中也应增加一个负荷

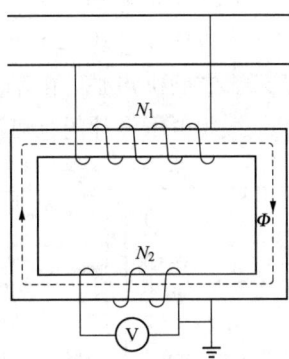

图 1.27　电压互感器工作原理

电流分量，由于二次绕组也存在电阻和漏抗，所以负荷电流就要在一次、二次绕组的内阻抗上产生电压降，这就形成了电压互感器的负荷误差。由此可见，电压互感器的误差主要是由励磁电流在一次绕组内阻抗上产生的电压降和负荷电流在一次、二次绕组的内阻抗上产生的电压降所引起的。

二、电压互感器极性

电压互感器的端子标志如图 1.28 所示，电压互感器和电流互感器一样大多采用减极性连

接，如图 1.29 所示。一次瞬时电流流入互感器时，二次瞬时电流从互感器流出，凡符合减极性特性的一、二次侧端钮为同极性端。

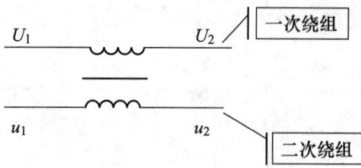

图 1.28　电压互感器的端子标志

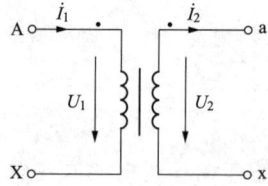

图 1.29　减极性连接

三、电压互感器接线方式

1. Vv 接线方式

Vv 接线方式广泛应用于中性点不接地或经消弧线圈接地的 35kV 及以下的三相系统，特别是 10kV 三相系统，如图 1.30 所示。它既能节省 1 台电压互感器，又可满足三相有功电能表、无功电能表和三相功率表所需的线电压。仪表电压线圈一般接于二次侧的 u、v 间和 w、u 间。这种接法的缺点是：不能测量相电压、不能接入监视系统绝缘状况的电压表、总输出容量仅为 2 台容量之和的 $\sqrt{3}/2$ 倍。

2. Yyn 接线方式

Yyn 接线方式可用于 1 台三铁心柱三相电压互感器，也可用于 3 台单相电压互感器构成三相电压互感器组。此种接线方式多用于小电流接地的高压三相系统。

一般是将二次侧中性线引出，接成 Yyn 接线方式，如图 1.31 所示。此种接线方式的缺点是：当荷不平衡时，可能引起较大的误差；为防止高压侧单相接地故障，高压中性点不允许接地，故不能测量对地电压。

3. YNyn 接线方式

当 YNyn 接线方式用于大电流接地系统时，多采用三台单相电压互感器构成，如图 1.32 所示。它的优点是：由于高压中性点接地，故可降低线路绝缘水平，使成本降低；电压互绕组是按相电压设计的，可测量线电压和相电压。

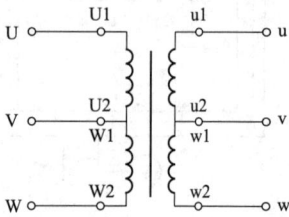

图 1.30　Vv 接线方式

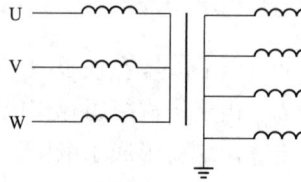

图 1.31　Yyn 接线方式

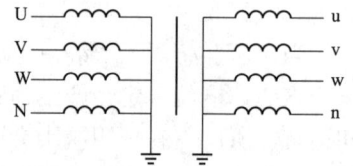

图 1.32　YNyn 接线方式

（用于大电流接地系统）

四、电压互感使用注意事项

（1）正确接线，注意极性。即遵守"并联原则"和"减极性原则"：一次侧与被测电路并联，二次绕组和所有仪表的电压回路并联。通常在互感器上都有接线标志牌，它标明了各端子的接线方法，要注意识别和遵守。

在电能表和互感器连接时还要注意接线方法，同极性端常以"。""*"或字母表示，电压互感器的 A 与 a 为同极性端，否则可能导致电能表反转。

（2）运行中的电压互感器一次侧和二次侧均不允许短路。电压互感器在正常运行时二次侧相当于开路，电流很小。当二次绕组短路时，二次电流会增大，使熔丝熔断，使电能表计量产生误差和引起继电保护装置误动作。如果熔丝未熔断，此短路电流会烧坏电压互感器。

在电压互感器的一次侧也应安装熔断器，以保护高压电网不因互感器一次绕组或其他故障而危及运行安全。

（3）运行中的电压互感器二次侧应设保护接地。为了防止互感器一次、二次绕组之间绝缘击穿或损坏高压窜入二次绕组，危及人身安全和设备安全，应将电压互感器的二次绕组、铁心和外壳可靠接地。

（4）二次实际负荷不超过其额定二次负荷（伏安数或欧姆值），否则电压互感器的准确度会降低，甚至会导致电压互感器过负荷烧坏。

（5）电压互感器的额定电压应与系统电压相适应。

（6）使用前应进行检定。只有通过了检定并合格的电压互感器，才能保证运行时的安全性、准确性、正确性。

【实训操作】三相三线电能表经电压电流互感器换装

一、所需的工器具及材料

（1）安全防护：低压验电笔、安全帽、棉纱手套等。

（2）安装工器具：一字螺丝刀、十字螺丝刀、剥线钳、尖嘴钳、斜口钳。

（3）安装材料：三相三线电能表（规格 3×1.5（6）A，3×100V）、绝缘胶带、绝缘套管标识。

（4）打印好的空白工作票。

二、实训内容和步骤

1. 操作前安全措施

（1）开具配电第二种工作票。学生规范着装后进入实训室，确定操作工位，模拟工作现场，老师给定工作票填写信息，学生按照工作票填写要求，现场填写三相三线电能表经电压电流互感器换装接线具体安全措施、工作开始与结束时间、工作班成员、补充安全措施等内容。

（2）履行工作许可手续。学生采取口述的方式，以现场老师作为安全工作许可人，模拟现场工作许可。学生口述内容："本次工作任务是对三相三线电能表经互感器进行换装接线，工作票已开具，工作任务已清楚，危险点已告知，带电部位已明确，现场安全措施已到位，请求开始许可工作"。现场老师当面许可，口述内容："可以开始工作"。

（3）进行三步式验电。第一步：脱手套，手握验电笔，大拇指抵住验电笔上端金属帽，到有电的插座上进行验电，此时若低压验电笔氖灯发亮，则显示低压验电笔正常。

【注意】若验电笔氖灯不亮则可能：一是验电插座为零线孔，此时应更换到相线孔进行验电；二是低压验电笔坏了，应更换一支低压验电笔进行验电。

第二步：手握这支低压验电笔到设备外壳进行验电。

【注意】一定要到设备上找一个金属部位进行验电。此时验电若低压验电笔氖灯发亮，则表明设备外壳带电，说明设备外壳有漏电，有触电危险，应进一步查明外壳带电原因，并处理后才能继续下一步操作。若低压验电笔氖灯不亮，此时有两种原因，一是验电笔损坏，此时应更换一支新验电笔重新开始三步式验电；二是设备外壳确无电压；为进一步验证以上原因，必须进行第三步验电。

第三步：手握验电笔，大拇指抵住验电笔上端金属帽，再次到有电的插座上进行验电，此时若低压验电笔氖灯发亮，则显示低压验电笔正常，也再次验证第二步验电结果是正确的。

【注意】：若验电笔氖灯不亮则可能：一是验电插座为零线孔，此时应更换到相线孔进行验电；二是低压验电笔坏了，应更换一支低压验电笔重新进行以上三步式验电。

2. 电能表换装

（1）换装前连片调节。先将联合接线盒下端 A、C 相电流连片依次向右拨，并拧紧各连片螺丝，短接 A、C 相电路回路，然后依次拧松联合接线盒 A、B、C 各相电压连片螺丝，同时向下拨使各相电压连片断开。

（2）电能表更换。

1）拆除旧电能表及导线：从左往右，依次拧松电能表接线端各相电压、电流接线螺丝，依次对拆下导线的裸露线头做好标识，同时进行绝缘处理。然后拧松电能表下端左右两个固定螺丝，拆下旧电能表。

2）安装新电能表：先在设备屏上调节好电能表挂表螺丝位置后，插入新电能表背部挂件，将新电能表挂上挂表螺丝，再用螺丝刀拧紧电能表下端左右两个固定螺丝，要求新电能表螺丝拧紧，电能表安装牢固，不得倾斜，左右离中心垂直线不超过 1°。

3）新电能表接线端口导线连接：按照拆下导线上的标识，拆除导线上所做的绝缘，从左往右依次将导线安装到新电能表上。

（3）换装后连片调节。先依次向左拨开联合接线盒下端 A、C 相电流连片，然后向上依次合上 A、B、C 各相电压连片。

（4）送电检查与加封。换装后进行送电检查，通过电能表按钮，翻阅电能表内部电压电流数值，确认电压正常后，在电能表表盖和联合接线盒上进行加封。

填写电能表装拆单，抄录新旧电能表铭牌参数及新旧电能表当前正向有功总示数，填写安装时间、安装人姓名，并提请客户签字确认。

3. 操作结束

（1）操作结束后，再次检查导线安装情况，必须保证换装后接线能够实现电能表正确计量。

（2）清理现场，清点收拾工器具及剩余材料，清理现场剥离的绝缘皮、剪断的导线头等废弃料。

（3）在工作票上填写现场工作结束时间，终结工作票，报告操作结束。

三、换接注意事项

（1）操作前，要做好安全组织措施，填写低压工作票，履行安全许可手续。召开班前会，熟知操作工作任务，告知现场危险点，清楚带电部位。

（2）操作前，做好现场安全技术措施，对设备外壳进行三步式验电，验明设备外壳确无电压。

（3）换装前正确调节连片，使旧电能表无电压电流接入。

（4）正确规范安装新电能表，正确连接电能表表尾端各相导线。

（5）换装后正确调节连片，使新电能表能正确接入电压电流，恢复正确计量状态。

（6）抄录新旧电能表铭牌各参数及当前正向有功总底码等信息。

四、评分表

三相三线电能表经电压电流互感器换装评分标准如表1.6所示。

表1.6　　　　　　　三相三线电能表经电压电流互感器换装评分标准

三相三线电能表经电压电流互感器换装

姓名				学号		
序号	作业名称	质量标准	分值	扣分标准		得分
1	安全生产	1. 戴安全帽、手套，穿工作服、绝缘鞋	10	不满足每项扣2分		
		2. 操作前履行工作许可		不满足扣5分		
		3. 操作前对设备外壳进行验电或验电不规范		不满足扣5分		
		4. 操作过程中未发生设备损坏或人身伤害		不满足扣10分		
2	工作票填写	工作票填写应符合安规、现场工作要求；书写应工整、规范、正确	10	填写错误每项扣5分；涂改一处扣2分		
3	工具材料	1. 正确使用工具	5	1. 不符合要求每项扣1分		
		2. 工具、设备或材料等不得跌落		2. 使用不当、跌落每次扣1分		
		3. 材料准备齐全		3. 开始操作后离开工作区域选取每次扣1分		
4	连片调节	1. 换装前、后联合接线盒各相电压、电流连片调节正确	15	不符合本项不得分		
		2. 拆下的导线进行绝缘处理		不符合每项扣2分		
		3. 拆下的导线做好标识		不符合每项扣2分		
5	电能表更换	更换电能表	10	未换表，第5、6、7、8项不得分		
		新电能表安装牢固，安装水平方向倾斜不得超过1°		不符合每处扣2分		
		设备固定螺丝齐全，且紧固		不符合每处扣1分		
6	导线安装	接线端子处平视不露铜心，导线与设备连接不得压导线绝缘皮	20	不符合每处扣1分		
		接线处全部螺丝与导线接触良好，压接螺丝不得松动		不符合每处扣1分		
		导线安装螺丝齐全，螺丝应拧紧		不符合每处扣1分		
		导线应横平竖直，偏差不超过5°		不符合每处扣1分		
		导线不得绞线，导线转角处不得出现死弯		不符合每处扣0.5分		

序号	作业名称	质量标准	分值	扣分标准	得分
7	正确计量	换装后导线头需先拆除所做的绝缘处理，再接入新电能表，实现正确计量	10	不能正确计量，第 5、6、7、8 项不得分	
		导线按 A、B、C，即黄、绿、红自左往右接入电能表接线端，相序正确			
		接线盒电流线不能直通，电流连片正确		每错一处扣 5 分	
		导线颜色与截面安装正确		不正确每处扣 2 分	
8	设备送电加封	封印规范齐全，压接良好	5	1. 未封印扣 5 分	
				2. 余线未剪每个扣 1 分	
				3. 封印压接不规范、假封一个扣 2 分	
9	工单填写	正确规范填写电能表装拆工单	10	1. 错写、漏写每处扣 2 分	
				2. 涂改每处扣 1 分	
10	现场清理	1. 完工后清理现场	5	1. 未清理现场扣 5 分	
		2. 彻底清理现场		2. 现场清理不彻底每处扣 1 分	
		3. 终结工作票		3. 未终结工作票扣 5 分	
合计			100		

模块二　电能计量装置的接线检查与处理

项目一　低压计量装置的接线检查与处理

任务一　相位伏安表的正确使用

【教学目标】

知识目标
（1）掌握相位伏安表的使用方法。
（2）掌握相位伏安表的注意事项。
能力目标
（1）熟练操作相位伏安表测量电能表的电压。
（2）熟练操作相位伏安表测量电能表的电流。
（3）熟练操作相位伏安表测量电能表的相位角。
态度目标
（1）自主学习，独立思考。
（2）学习过程中遇到问题，分析分问题并解决问题。
（3）有团队精神，共同讨论，共同完成任务。
（4）遵守安规，爱岗敬业。

一、相位伏安表的用途

相位伏安表主要用来测量同频率两个量之间的相位差，既可以测量交流电压、电流之间的相位，也可以测量两个电压或两个电流之间的相位，同时还可以测量交流电压、电流。使用该仪表可以确定电能表接线正确与否（相量图法）、辅助判断电能表运行情况、测量三相电压相序等。

二、基本原理和结构

由于相位测量必须基于相对独立的两个测量回路，故相位伏安表一般制成双测量回路形式，有两把电流钳和两对电压测试线。相位伏安表内部由比较器、光电耦合器、双稳电路和直流电压表组成，当两路信号输入（一路作为基准波，一路作为被测信号）时，通过内部比较器变换状态，使正弦波转换成方波信号，通过光电耦合器隔离，分别触发双稳电路的复位端和置位端。基准信号的每个正半周前沿使双稳电路置位，输出高电平；被测信号每到正半周前沿则使双稳电路复位，输出低电平。在 0°～360°相位角范围内，被测信号与基准信号之间的相位差越大，双稳电路输出高电平的时间就越长，其平均输出电压也就越高。经过校准，用数字式电压表测量此电压就可以测出两信号之间的相位角。数字相位伏安表外观图如图 2.1

所示。

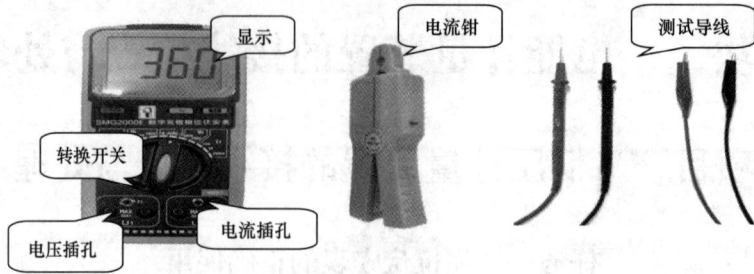

图 2.1　数字相位伏安表外观图

三、具体操作步骤

相位伏安表主要用来测量相位差，也可测量电压、电流。测量电压时，档位应与电压测量回路保持一致，使用方法与万用表相同。测量电流时，电流钳的使用方法与钳形电流表基本相同，所以这里仅介绍相位差的测量步骤。

（1）测试前检查。使用前仔细阅读使用说明书，仪表应在使用有效期内，检查配件是否齐全完好，测试导线导电性能是否良好，测试导线之间绝缘是否良好，电流钳口应清洁无污物。

（2）预热。打开电源，将仪表预热 3～5min 以保证测量精度。

（3）校准。有校准档位的相位伏安表，在使用之前要先进行校准。

（4）数据测量。以三相三线电能表为例，步骤如下。

第一步：测量 U_{12}、U_{32} 和 U_{13} 线电压，判断三相电压是否对称。将转换开关打到电压 U_2 侧档位，电压测试线分别插入 U_2 电压插孔处，分别进行线电压测量，如图 2.2 所示。

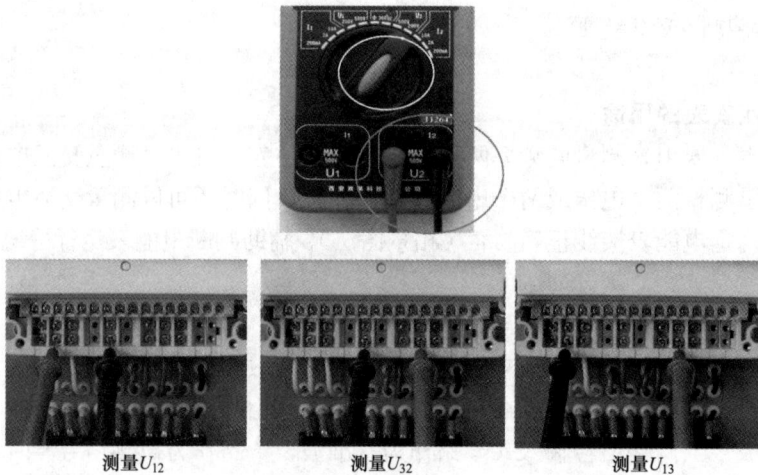

图 2.2　线电压测量

第二步：测量两相电流 I_1、I_2，判断电流是否对称，接线是否存在短路、开路。将转换开关打到电流 I_2 侧档位，电流测试线分别插入 I_2 电流插孔处，分别进行相电流测量，如图 2.3 所示。

　　第三步：测量三相对地电压 U_{10}、U_{20}、U_{30}，判断确定基准相 b 相，将转换开关打到电压 U_2 侧档位，电压测试线分别插入 U_2 电压插孔处，分别进行对参考点电压测量，如图 2.4 所示。

　　第四步：测量 U_{12} 与 U_{32} 的相位差，判断表尾电压相序的正或逆，如果两者的相位夹角为 300°，则为正相序，若两者的相位夹角为 60°，则为逆相序。将转换开关打到夹角 Φ 侧档位，两组电压测试线分别插入 U_1 和 U_2 电压插孔处，进行线电压相位夹角的测量，如图 2.5 所示。

测量 I_1　　　　　　　　　　　测量 I_2

图 2.3　相电流测量

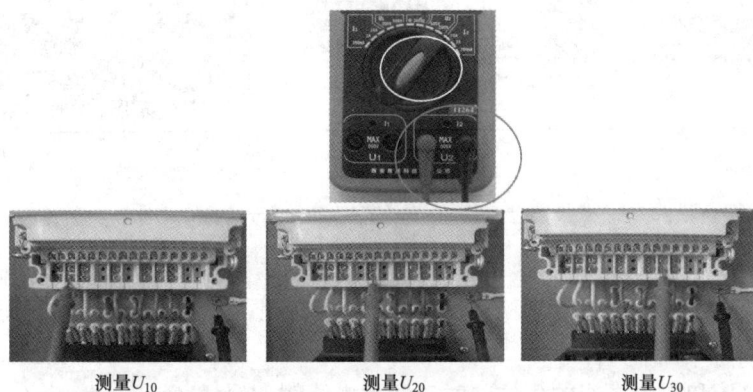

测量 U_{10}　　　　　　　测量 U_{20}　　　　　　　测量 U_{30}

图 2.4　对参考点电压测量

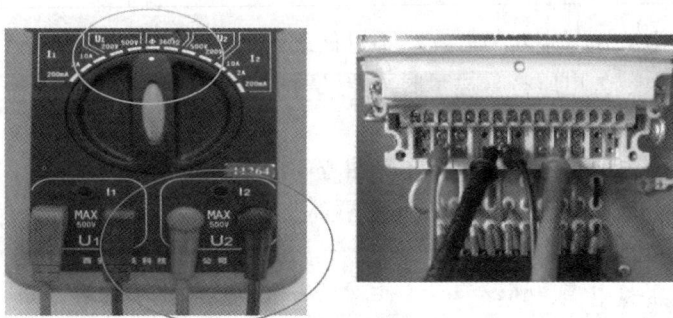

图 2.5　线电压相位夹角的测量

　　第五步：测量 U_{12} 与 I_1、I_2 的相位差，确定电流滞后于线电压的角度。将转换开关打到夹角 Φ 侧档位，电压测试线插入 U_1 电压插孔处，电流测试线插入 I_2 电流插孔处，分别进行线电压与电流相位夹角的测量，如图 2.6 所示。

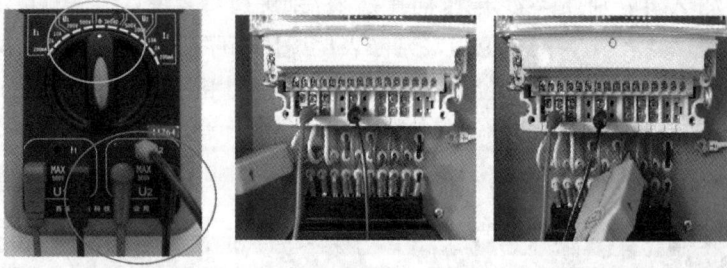

图 2.6　线电压与电流相位夹角的测量

（5）测量结束。测试完毕，整理仪表及工器具，档位调至第二路电压 500V，关闭表电源，拆除测试导线，并放入专用箱包中，如图 2.7 所示。

图 2.7　仪表的整理

四、注意事项

（1）相位伏安表仅用于二次回路和低压回路检测，不能用于高压线路，以防通过电流钳触电。

（2）测量电压和电流之间的相位差时，注意电流钳的极性。

（3）所测相位差均为 1 路信号超前 2 路信号的相位，所以与被测相位相关的两个量必须接入不同的测量回路，否则无法得到测量结果。

（4）保证两把电流钳分别对号入座，不可任意调换，否则难以保证精度。

（5）显示器上出现欠电压符号提示时，要及时更换相应电池。

（6）测量过程禁止带电调档。

（7）测量电压与电流相位差时注意电流钳方向标示。

【实训操作】相位伏安表正确使用及电能表数据测量

一、所需的工具及仪表

（1）工具：低压验电笔、螺丝刀、工作牌、安全帽及绝缘手套等。

（2）仪表：MG2000 手持式双钳相位伏安表。

二、实训内容和步骤

1. 相位伏安表使用的认识

主机的面板设置主要分为上、中、下三个功能区域。

最上面区域是液晶显示屏，正确显示所测得数据，红色按键是电源开关。在使用仪表前，除了要检查仪表外观是否正常外，还要打开电源检查电池是否有电、数据是否显示正常。

中间区域是功能转换开关。在面板上分别标有 U、I、Ø 三种符号，分别对应电压测量量程、电流测量量程以及相位角测量。由于是双通道测量，所以 U_1、I_1 是第一路电压、电流测量档位，同理 U_2、I_2 是第二路电压电流测量档位。无法估算时，应选最大量程，根据测量的数值，选择合适的量程进行测量，以提高测量准确性。量程使用，先大后小。如果量程使用不当，有可能造成测量数据不准确，还可能导致仪表烧坏。

最下面区域是电压电流测试线的输入端口，和功能转换开关区域的 U_1、I_1 相对应，也分别为第 1 路和第 2 路对应的电压电流流入端子。

2. 操作步骤

（1）测量电压。选量程：根据我们选择的通道来选择相应量程，若开关旋至 U_1，则电压测试线插入 U_1 电压插孔处。接入电压测试线：在测量电压时，有红色和黑色两根电压测试线，黑色通常接低电位，红色通常接高电位，接入输入端口时，一定要对号入座。测量：现场测量时，先接低电位，再接高电位。红高黑低，先低后高。

（2）测量电流。选量程：根据我们选择的通道来选择相应量程，若开关旋至 I_1，则电流测试线插入 I_1 电流插孔处。接入电流测试线：测量电流时，将电流测试线，一头接钳形电流互感器（简称电流钳），一头接仪表输入端口。测量：现场测量时，一定要仔细观察电流钳上的箭头方向。当测量电流进线端时，箭头朝上，测量电流出线端时，箭头朝下，表示电流方向和实际方向一致。

（3）测量相位角。测量时，要先把转换开关打到夹角 $Φ$ 侧档位，分别测量电压之间的相位夹角和电压与电流的相位夹角。

（4）测量数据表。电压测量表见表2.1，电流测量表见表2.2，相位角测量表见表2.3。

表 2.1   电 压 测 量 表

测量电压/V			
三相四线电能表		三相三线电能表	
U_{1N}		U_{12}	
U_{2N}		U_{32}	
U_{3N}		U_{31}	
U_{1a}		U_{10}	
U_{2a}		U_{20}	
U_{3a}		U_{30}	

表 2.2   电 流 测 量 表

测量电流/A			
三相四线电能表		三相三线电能表	
I_1		I_1	
I_2		I_2	
I_3			

表 2.3　　　　　　　　　　　相 位 角 测 量 表

测量相位角/（°）			
三相四线电能表		三相三线电能表	
$\dot{U}_{1N} \wedge \dot{I}_1$		$\dot{U}_{12} \wedge \dot{I}_1$	
$\dot{U}_{1N} \wedge \dot{I}_2$		$\dot{U}_{12} \wedge \dot{I}_2$	
$\dot{U}_{1N} \wedge \dot{I}_3$		$\dot{U}_{12} \wedge \dot{I}_{32}$	
$\dot{U}_{1N} \wedge \dot{I}_{2N}$			

三、相位伏安表使用注意事项

（1）测量前，要进行验电操作。

（2）使用仪表进行测量时，量程要先大后小进行换档。

（3）在进行电流、电压或者相位角测量换档时，先关电源，再进行转换。

（4）测试线，要注意颜色，一般情况是红高黑低，先低后高。

（5）测量电流时候，要注意电流钳的箭头方向，当测量电流进线端时，箭头朝上，测量电流出线端时，箭头朝下，表示电流方向和实际方向一致。

四、评分表

相位伏安表正确使用及电能表数据测量评分标准如表 2.4 所示。

表 2.4　　　　　　　相位伏安表正确使用及电能表数据测量评分标准

项目	相位伏安表正确使用及电能表数据测量			姓名：	学号：	
序号	评分类别	质量要求	配分	评分标准		得分
1	着装、工器具及材料准备要求	1. 戴安全帽、穿工作服及绝缘鞋	10	未戴安全帽、未穿工作服及绝缘鞋不得进入实训场地，每样扣 3 分		
		2. 所有工器具、材料准备齐全		工器具不齐全，每样扣 3 分		
		3. 正确使用各种工器具，不发生掉落及损坏现象		工器具使用不正确，发生掉落及损坏现象，量程使用不当等，每样扣 3 分		
2	验电	1. 工作前、后均视为验电（器）笔良好	10	验电前触摸到柜体金属部分，未使用验电笔（器）对柜体金属部分进行验电或戴手套验电，每样扣 5 分		
		2. 使用验电笔（器）对柜体金属部分进行验电				
3	仪表、工具使用	正确使用仪表、工具	30	仪器、仪表使用不当（如档位使用错误、带电切换档位等），每处扣 3 分		
				出现仪表掉落，每次扣 3 分		
				工器具的绝缘措施不符合要求，每样扣 3 分		
				操作过程中工器具、端钮盒盖等每掉落一次扣 2 分		

序号	评分类别	质量要求		配分	评分标准	得分
4	测量数据		1. 数据测试	40	数据测试正确，单位符号等书写正确，每处不正确扣 1 分	
			2. 故障分析		正确的分析故障，每样不正确扣 1 分	
			3. 故障查处		查处到故障的正确位置，每样不正确扣 1 分	
			4. 更正系数计算		根据测量数据进行分析，计算错误接线的功率，求出更正系数，每样不正确扣 2 分	
5	操作要求		1. 在正确的位置处操作	10	在正确的位置操作、测试，每样不正确扣 3 分	
			2. 测试异常		因自己的操作错误导致装置出现异常，每样不正确扣 5 分	
6	考试时间要求	在规定时间内完成			在规定时间内完成不扣分，每超过 5min（含 5min 之内），从总分中倒扣 3 分，但不超过扣 10 分	
7	其他要求	工作结束后，应清理工作现场，满足安全、文明生产要求			未清理现场，从总分倒扣 5 分，违反安全及文明生产规定，从总分倒扣 10 分	
总分						

任务二　三相四线电能计量装置接线检查与处理

【教学目标】

知识目标

（1）掌握三相四线电能计量装置正确接线的基本知识、接线原则、功率表达式。

（2）掌握三相四线电能计量装置错误接线形式判断的方法、步骤。

能力目标

（1）熟练操作相位伏安表测量三相四线电能表的电压、电流和相位角。

（2）熟练掌握相量图绘制。

（3）熟练掌握用相量图法分析判断计量装置错误接线情况。

态度目标

（1）自主学习，独立思考。

（2）学习过程中遇到问题，分析分问题并解决问题。

（3）有团队精神，共同讨论，共同完成任务。

（4）遵守安规，爱岗敬业。

一、三相四线有功电能表正确接线

图 2.8 是三元件三相四线有功电能表的标准接线方式、电流 $\dot{i}_U$、$\dot{i}_V$、$\dot{i}_W$ 分别通过第一元件、第二元件、第三元件的电流线圈，电压 $\dot{U}_U$、$\dot{U}_V$、$\dot{U}_W$ 分别接在第一元件、第二元件、

第三元件的电压线圈上。这种接线方式最适用于非中性点绝缘系统的三相四线电路中有功电能的计量，不论三相电压、电流是否对称，均能准确计量。

图 2.8 中共有 11 个接线端子，从左向右编号为 1、2、3、4、5、6、7、8、9、10、11。其中 1、4、7 是电流进线，用来连接电源的 U、V、W 三根相线；3、6、9 是电流出线，三根相线从这里引出后，分别接到出线总开关的三个进线端子上；10、11 是中性线的进线和出线，用来连接中性线；2、5、8 是连接电压线圈的端子，在直接接入式电能表的接线盒内有三个连接片，分别连接 1 与 2、4 与 5、7 与 8，因此 2、5、8 不需要另行接线，但三个连接片应保证连接可靠，不可拆下。

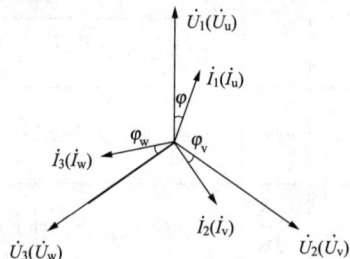

如图 2.9 所示，三相四线有功电能表的接线方式是：第一元件中接入 $\dot{U}_\mathrm{u}\dot{I}_\mathrm{u}$；第二元件中接入 $\dot{U}_\mathrm{v}\dot{I}_\mathrm{v}$；第三元件中接入 $\dot{U}_\mathrm{w}\dot{I}_\mathrm{w}$。

从图 2.9 中可以看出，三相四线有功电能表在正确接线时计量的功率为：

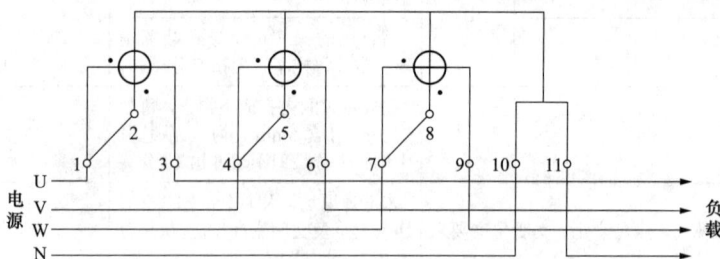

图 2.8　三相四线有功电能表的标准接线方式　　　图 2.9　三相四线有功电能表相量图

$$P_1 = U_\mathrm{u}I_\mathrm{u}\cos\varphi_\mathrm{u}$$
$$P_2 = U_\mathrm{v}I_\mathrm{v}\cos\varphi_\mathrm{v}$$
$$P_3 = U_\mathrm{w}I_\mathrm{w}\cos\varphi_\mathrm{w}$$

当三相电路对称，$U_\mathrm{u} = U_\mathrm{v} = U_\mathrm{w} = U_\mathrm{p}$，$I_\mathrm{u} = I_\mathrm{v} = I_\mathrm{w} = I_\mathrm{p}$，$\varphi_\mathrm{u} = \varphi_\mathrm{v} = \varphi_\mathrm{w} = \varphi$，三相电能表反映的功率表达式为：

$$P_0 = P_1 + P_2 + P_3 = U_\mathrm{u}I_\mathrm{u}\cos\varphi_\mathrm{u} + U_\mathrm{v}I_\mathrm{v}\cos\varphi_\mathrm{v} + U_\mathrm{w}I_\mathrm{w}\cos\varphi_\mathrm{w} = 3U_\mathrm{p}I_\mathrm{p}\cos\varphi$$

式中　　U_p——相电压；

　　　　I_p——相电流。

三相四线电能表反映的功率就是三相负载消耗的有功功率。电能表的读数就是负载消耗的总有功电能（感性时：$0° < \varphi < 90°$，容性时：$-90° < \varphi < 0°$）

采用上述接线时应注意以下事项。

（1）应按正相序连接。电能表的结构和检定时的误差都是按正相序条件确定的，若将正相序 U-V-W 接成 W-V-U，将产生附加误差。

（2）电源中性线（N 线）不能与 U、V、W 三相位置接错，否则，不但不能正确计量，还会使电压线圈承受相电压的 $\sqrt{3}$ 倍，使电压线圈烧坏。

（3）接线一定要接牢，否则会因接触不良或断线而产生较大的计量误差。

二、经互感器接入式

三相四线有功电能表经互感器接入时，可分为电压、电流共用方式与分开方式两种。图 2.10 所示为经电流互感器接入的电压、电流共用接线方式。图 2.11 所示为经电流互感器接入电压、电流分开接线方式。

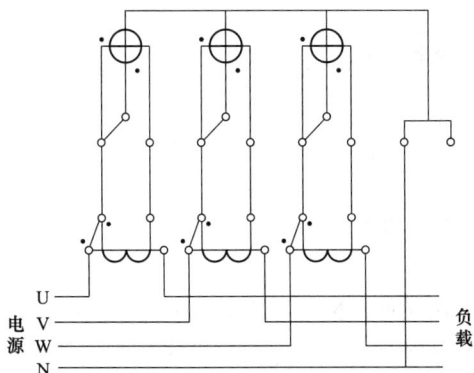

图 2.10　电压、电流共用接线方式

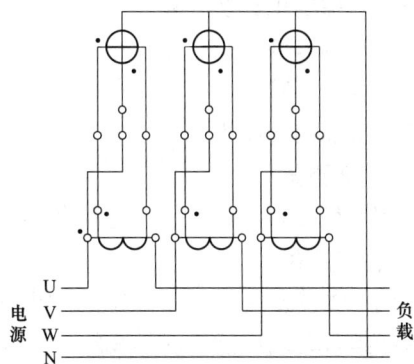

图 2.11　电压、电流分开接线方式

图 2.12 所示为三相四线有功电能表经三个电流互感器接成星形时的电压、电流分开接线方式。采用这种接线方式时应注意：当二次电流回路的中性线电阻 R_n 较大，且三相电流差别也较大时，会使电流互感器的误差改变较大，导致计量不准确；当 $R_n \approx 0$ 时，即使三相电流差别较大，也不会导致电流互感器误差的增大，所以仍能保证计量精度。

图 2.13 所示是三相四线有功电能表经电流、电压互感器计量有功电能的接线图。这种接线因为不受流过中性点电流 I_n 的影响，所以能正确计量非中性点绝缘的高压三相系统的有功电能。因此，在中性点非绝缘的高压三相

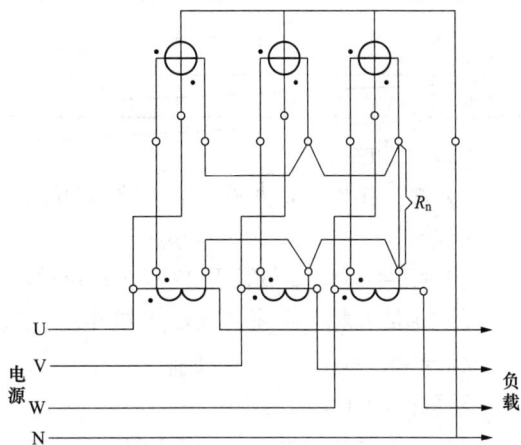

图 2.12　星形接线时的电压、电流分开接线方式

系统中，为了保证计量准确，对三相有功电能的计量，必须采用三相四线有功电能表测量的接线方式。

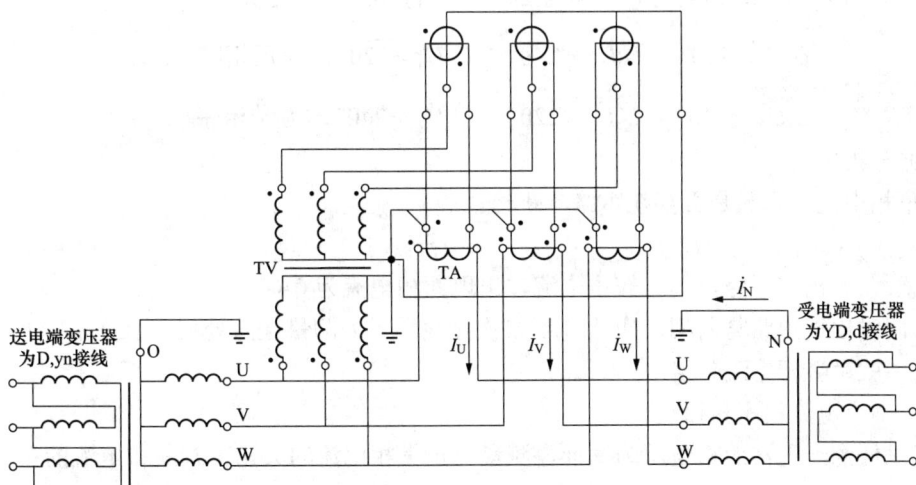

图 2.13　三相四线有功电能表经电流、电压互感器计量有功电能的接线图

【实训操作】分析判断三相四线电能计量装置错误接线方式

一、所需的工具及仪表

（1）工具：低压验电笔、螺丝刀、工作牌、安全帽及绝缘手套等。

（2）仪表：MG2000 手持式双钳相位伏安表。

二、实训内容和步骤

1. 数据测量

用相位伏安表测量电压、电流及相位角，如表 2.5 和表 2.6 所示。

2. 操作步骤

说明：①涉及 1、2、3 数字的均表示电能表第几元件；N 表示有功电能表的零线端，即在万特模拟台有功电能表的零线端。②操作前均需办理第二种工作票，并做好安全措施。

表 2.5		测定三相电压电流		
U_{1N}		U_{1u}		I_1
U_{2N}		U_{2u}		I_2
U_{3N}		U_{3u}		I_3

表 2.6	测定电压电流相位及相序			
U/I	U_2	I_1	I_2	I_3
U_1				
相序				

（1）分析电压。

1）测量相电压，判断是否存在断相。

$U_{1N}=$　　　　　　　$U_{2N}=$　　　　　　　$U_{3N}=$

注意：不近似或不等于 220V 的为断线相。

2）测量各相与参考点（U_u）的电压，判断哪相是 U 相。

$U_{1u}=$　　　　　　　$U_{2u}=$　　　　　　　$U_{3u}=$

注意：1）0V 为 U 相；

3）其他两相近似或等于 380V。

（2）判断电压相序。

1）用相序表确定电压相序。

2）用手持式双钳数字相位伏安表测量两相相电压之间的夹角角度确定电压相序（按顺序相邻两相夹角为 120°或相隔两相夹角为 240°均为正相序；反之类推）。

$$\hat{\dot{U}_1\dot{U}_2}=120° \qquad \hat{\dot{U}_1\dot{U}_3}=240° \qquad \hat{\dot{U}_2\dot{U}_3}=120° \text{ 均为正相序}$$

$$\hat{\dot{U}_1\dot{U}_2}=240° \qquad \hat{\dot{U}_1\dot{U}_3}=120° \qquad \hat{\dot{U}_2\dot{U}_3}=240° \text{ 均为逆相序}$$

（3）分析电流。

测量相电流，判断是否存在短路、断相。

$I_1=$　　　　　　　$I_2=$　　　　　　　$I_3=$

注意：1）出现短路，仍有较小电流，出现断相电流为 0A；

2）同时出现短路与断相，应从 TA 二次接线端子处测量（此处相序永远正确），哪相电流为 0A，就是哪相电流断路。

（4）确定电流相序和相别。

1）以任意一正常的相电压为基准，测量与正常相电流的夹角，判断相电流的相序。

$$\hat{\dot{U}_1\dot{I}_1}=\qquad \hat{\dot{U}_1\dot{I}_2}=\qquad \hat{\dot{U}_1\dot{I}_3}=\qquad （设 U_1、I_1、I_2、I_3 均为正常）$$

2）如出现相电流极性反，测量相应元件进出电流线的对地电压，判断哪种极性反（此项只能记录在草稿纸上）。

注意：TA 极性反与表尾反的区别：TA 极性反是指从 TA 二次出线端 K_1、K_2 与联合接线盒之间的电流线接反；表尾反是指从 TA 二次出线 K_1、K_2 未接反，只是从联合接线盒到有功电能表的电流进出线接反。

3）相电流进线对地电压＞相电流出线对地电压，则为 TA 极性反。

4）相电流进线对地电压＜相电流出线对地电压，则为电流表尾反。

（5）正确描述故障结果。

1）电压相序：

2）电压断相：

3）电流相序：

4）电流短路：

5）电流断相：

6）电流互感器反极性：

7）电流表尾反：

（6）写出各元件功率表达式及总的功率表达式。

$$P_1 = U_1 I_1 \cos\varphi_1 \qquad P_2 = U_2 I_2 \cos\varphi_2 \qquad P_3 = U_3 I_3 \cos\varphi_3$$
$$P' = P_1 + P_2 + P_3$$

（7）求出更正系数。

$$K = \frac{P_0}{P'} = \frac{3UI\cos\varphi}{P_1 + P_2 + P_3}$$

三、三相四线电能计量装置错误接线检查与分析注意事项

（1）测量前，要进行验电操作。

（2）使用仪表进行测量时，量程要先大后小进行换档。

（3）严禁带电换档。

（4）测量相位角注意钳形电流夹的方向。

（5）三线基准定相序。

（6）三线随相定电流。

四、评分表

三相四线电能计量装置错误接线检查与分析评分标准如表 2.7 所示。

表 2.7　　　　　三相四线电能计量装置错误接线检查与分析评分标准

项目		三相四线电能计量装置错误接线检查与分析		姓名：		学号：
序号	评分类别	质量要求	配分	评分标准		得分
1	着装、工器具及材料准备要求	1. 戴安全帽、穿工作服及绝缘鞋	10	未戴安全帽、未穿工作服及绝缘鞋不得进入实训场地，每样扣 3 分		
		2. 所有工器具、材料准备齐全		工器具不齐全，每样扣 3 分		
		3. 正确使用各种工器具，不发生掉落及损坏现象		工器具使用不正确，发生掉落及损坏现象，量程使用不当等，每样扣 3 分		

序号	评分类别	质量要求		配分	评分标准	得分
2	验电	1. 工作前、后均视为验电（器）笔良好		10	验电前触摸到柜体金属部分，未使用验电笔（器）对柜体金属部分进行验电或戴手套验电，每样扣5分	
		2. 使用验电笔（器）对柜体金属部分进行验电				
3	仪表、工具使用	正确使用仪表、工具		30	仪器、仪表使用不当（如档位使用错误、带电切换档位等），每处扣3分	
					出现仪表掉落，每次扣3分	
					工器具的绝缘措施不符合要求，每样扣3分	
					操作过程中工器具、端钮盒盖等每掉落一次扣2分	
4	故障查处	1. 数据测试		40	数据测试正确，单位等书写正确，每样不正确扣1分	
		2. 相量图的绘制			根据测量的电压、电流以及电压与电流之间的相位角绘制相量图	
		3. 错误接线方式			根据测量数据绘制的相量图分析，第一元件、第二元件、第三元件电压和电流的接线方式	
		4. 第一元件、第二元件、第三元件的错误接线功率表达式			根据相量图写出第一元件、第二元件、第三元件的错误接线功率表达式，每项不正确扣3分	
		5. 更正系数计算			根据测量数据进行分析，计算错误接线的功率，求出更正系数，不正确扣3分	
5	操作要求	1. 在正确的位置处操作		10	在正确的位置操作、测试，每样不正确扣3分	
		2. 测试异常			因自己的操作错误导致装置出现异常，每样不正确扣5分	
6	考试时间要求	在规定时间内完成			在规定时间内完成不扣分，每超过5min（含5min之内），从总分中倒扣3分，但不超过扣10分	
7	其他要求	工作结束后，应清理工作现场，满足安全、文明生产要求			未清理现场，从总分倒扣5分，违反安全及文明生产规定，从总分倒扣10分	
总分						

项目二　高压计量装置的接线检查与处理

任务一　三相三线计量装置的接线检查与处理

【教学目标】

知识目标

（1）掌握三相三线电能计量装置正确接线的基本知识、接线原则、功率表达式。

（2）掌握三相三线电能计量装置错误接线形式判断的方法、步骤。

能力目标

（1）熟练操作相位伏安表测量电能表的电压、电流和相位角。

（2）熟练掌握相量图绘制。

（3）熟练掌握用相量图法分析判断计量装置错误接线情况。

态度目标

（1）自主学习，独立思考。

（2）学习过程中遇到问题，分析分问题并解决问题。

（3）有团队精神，共同讨论，共同完成任务。

（4）遵守安规，爱岗敬业。

一、三相三线有功电能表正确接线

图 2.14 所示为三相三线有功电能表直接接入式接线图，其接线方式是：第一元件中接入 $\dot{U}_{\mathrm{UV}}$、$\dot{I}_{\mathrm{U}}$；第二元件中接入 $\dot{U}_{\mathrm{WV}}$、$\dot{I}_{\mathrm{W}}$。

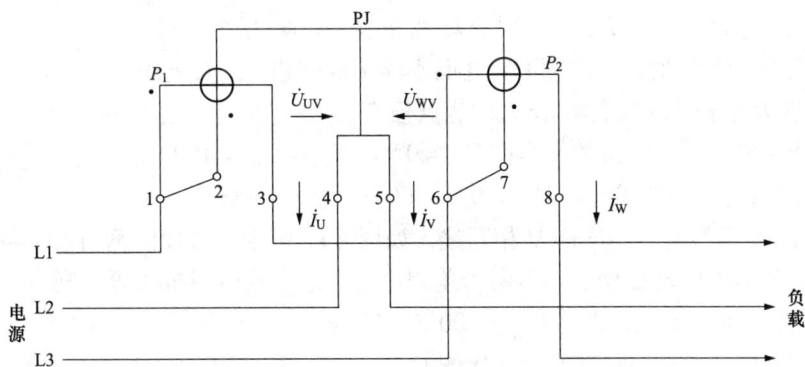

图 2.14　三相三线有功电能表直接接入式接线图

三相三线有功电能表相量图如图 2.15 所示，从图中可以看出，三相三线电能表计量的功率为：

$$P_1 = U_{UV}I_U \cos(30° + \varphi_U)$$
$$P_2 = U_{WV}I_W \cos(30° - \varphi_W)$$

所以三相三线电能表计量的总功率为：

$$P = P_1 + P_2 = U_{UV}I_U \cos(30° + \varphi_U) + U_{WV}I_W \cos(30° - \varphi_W)$$

当三相电路对称时，$U_{UV} = U_{WV} = U_L$，$I_U = I_W = I_L$，$\varphi_U = \varphi_W = \varphi$，则：

$$
\begin{aligned}
P &= P_1 + P_2 \\
&= U_{UV}I_U \cos(30° + \varphi_U) + U_{WV}I_W \cos(30° - \varphi_W) \\
&= U_L I_L (\cos30° \cos\varphi - \sin30° \sin\varphi + \cos30° \cos\varphi \\
&\quad + \sin30° \sin\varphi) \\
&= U_L I_L (2\cos30° \cos\varphi) \\
&= U_L I_L \left(2 \times \frac{\sqrt{3}}{2} \cos\varphi \right) \\
&= \sqrt{3} U_L I_L \cos\varphi
\end{aligned}
$$

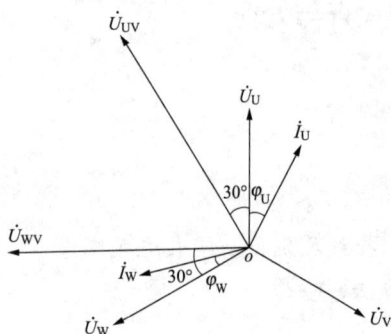

图 2.15　三相三线有功电能表相量图

式中　U_L——线电压；

　　　I_L——线电流。

三相三线有功电能表这种计量方式广泛用于电力系统和电力用户的电能计量，它所计量的电能一般占整个电力系统的 70% 以上。

二、电能计量装置带电检查

1. 带电检查电压互感器

正常情况下，三相电压互感器无断线（或熔丝熔断）或极性反接，在电能表的进线端子处进行测量，电压互感器二次侧三个线电压测得值应为 $U_{uv} = U_{vw} = U_{wu} = 100V$。

2. 电压互感器的一次断线

当电压互感器一次侧发生断线时，二次侧各线电压的数值与互感器的接线方式及断线的相别有关。计量用的互感器一般有 V，v 接线和 Y，y 接线两种接线方式。

（1）电压互感器 V，v 接线时一次侧 U 相断线，如图 2.16 所示。

当一次侧 U 相断线时，一次侧 UV 之间不能构成回路，没有电压，uv 绕组相当于一根导线，u、v 两点为等电位，二次侧 uv 之间也就没有感应电势，一次侧 VW 间两点电压正常，二次侧有感应电势，所以测得数值为：$U_{uv} = 0V$，$U_{vw} = U_{wu} = 100V$。

同理，一次侧 W 相断线时，$U_{vw} = 0V$，$U_{uv} = U_{wu} = 100V$。

当电压 V，v 接线时，一次侧 V 相断线，如图 2.17 所示。这种情况相当于两个单相电压互感器串联，外加电压只有 U_{WU}，若两个单相电压互感器励磁阻抗相等，则 uv、vw 两个绕组串联平均分配 100V 电压，即，$U_{wu} = 100V$，$U_{uv} = U_{vw} = 50V$。

（2）电压互感器 YN，yn 接线时一次侧 U 相（或 V 相或 W 相）断线，如图 2.18 所示。当一次侧 U 相断线，一次侧和二次侧都缺少了 U 相电压，二次侧 u 相绕组无感应电势，u 点和 n 点等电位。即 $U_{vw} = 100V$，而和 u 相有关的两个线电压相当于相电压，即 $U_{uv} = U_{wu} = \frac{100}{\sqrt{3}} = 57.7V$。

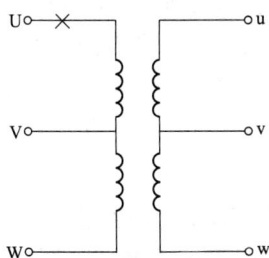

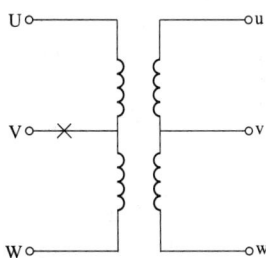

图 2.16   电压互感器 V，v 接线时一次侧 U 相断线   图 2.17   电压互感器 V，v 接线时一次侧 V 相断线

同理，断 V 相时，$U_{wu}=100\,\text{V}$，$U_{uv}=U_{vw}=57.7\,\text{V}$。

断 W 相时，$U_{uv}=100\,\text{V}$，$U_{vw}=U_{wu}=57.7\,\text{V}$。

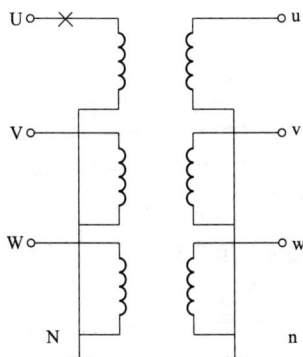

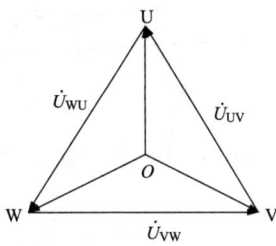

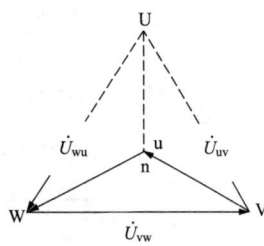

(a) 接线图   (b) 正常时一次电压相量图   (c) U相断线时二次电压相量图

图 2.18   YN、yn 接线时一次侧 U 相断线

当一次侧发生断线时，在二次侧电能表的电压进线端子处测得的电压数值与互感器的接线方式及断线相别有关，具体情况如表 2.8 所示。

表 2.8　　　　　　　　　　**一次侧断线测得的二次侧电压数值**

一次侧断线相别	接线方式	二次电压数值/V		
		U_{uv}	U_{vw}	U_{wu}
U 相	V 形接线	0	100	100
	Y 形接线	57.7	100	57.7
V 相	V 形接线	50	50	100
	Y 形接线	57.7	57.7	100
W 相	V 形接线	100	0	100
	Y 形接线	100	57.7	57.7

（3）电压互感器的二次侧断线。电压互感器二次侧断线时，二次侧线电压值与电压互感器的接线方式无关，但和电压互感器二次侧是否接有负载及所接负载的情况有关。

V，v 接线，空载时二次侧 u 相断线，如图 2.19 所示。当二次侧 u 相断线，u 与 v、w 与 u 之间不构成回路，即 $U_{uv}=U_{wu}=0\,\text{V}$，v 与 w 之间为正常电压回路，即 $U_{vw}=100\,\text{V}$。

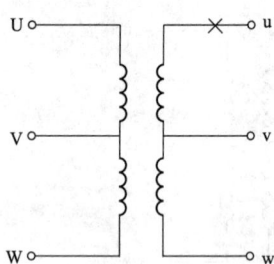

图 2.19 V、v 接线，空载时
二次侧 u 相断线

同理，当二次侧 v 相断线时，u 与 v、v 与 w 之间不构成回路，即 $U_{uv} = U_{vw} = 0\text{ V}$，w 与 u 之间为正常电压回路，即 $U_{wu} = 100\text{ V}$。当二次侧 w 相断线时，v 与 w、w 与 u 之间不构成回路，即 $U_{vw} = U_{wu} = 0\text{ V}$，u 与 v 之间为正常电压回路，即 $U_{uv} = 100\text{ V}$。

（4）电压互感器绕组极性接反。电压互感器 V、v 接线且接线正确时，电压互感器原理接线图和相量图如图 2.20 所示。当一台电压互感器极性接反（vw 相）时，原理接线图和相量图如图 2.21 所示。

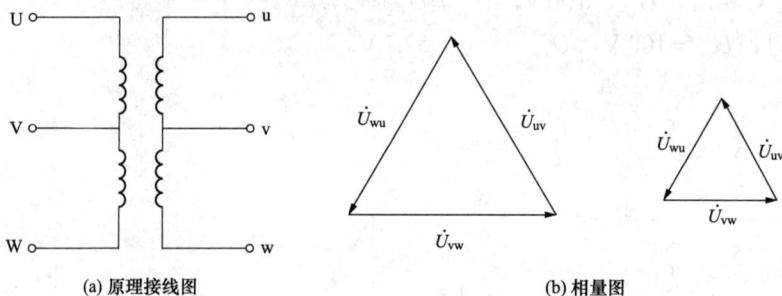

(a) 原理接线图   (b) 相量图

图 2.20   电压互感器 V、v 接线正确时原理接线图和相量图

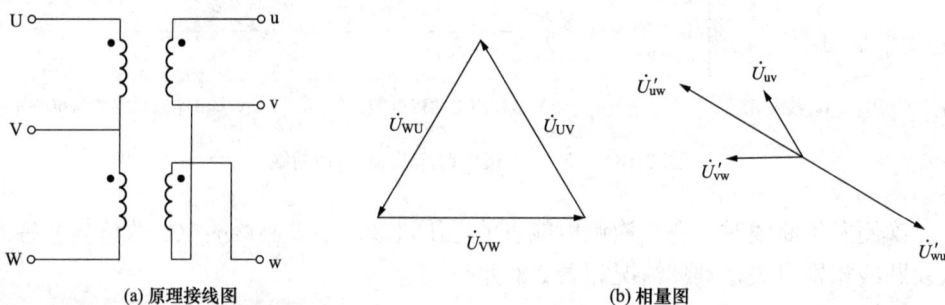

(a) 原理接线图   (b) 相量图

图 2.21   电压互感器 V、v 接线二次侧 vw 相极性接反时原理接线图和相量图

因为互感器二次侧 vw 相（或一次侧 VW 相）极性接反，二次绕组 v 的同名端与一次绕组 W 的同名端相对应，所以二次电压 $\dot{U}_{vw}$ 与一次电压 $\dot{U}_{WV}$ 相对应，$\dot{U}'_{vw} = -\dot{U}_{VW}$，即此时 $\dot{U}'_{vw}$ 与正确接线方向相反。根据图 2.21（b）可知 $\dot{U}'_{uw} = \dot{U}_{uv} + \dot{U}'_{vw} = -\dot{U}_{wu}$，即 $U'_{wu} = 173\text{ V}$，$U'_{uv} = U_{vw} = 100\text{ V}$。

同理，二次 uv 相（或一次侧 UV 相）极性接反时，二次侧的三个线电压为 $U'_{wu} = 173\text{ V}$，$U_{uv} = U'_{vw} = 100\text{ V}$。

电压互感器采用 YN，yn 接线且接线正确时，电压互感器原理接线图和相量图如图 2.22 所示。

当 U 相极性接反时，其原理接线图和相量图如图 2.23 所示。根据相量图可知 $\dot{U}_u$ 和 $\dot{U}_v$ 相量相反，则 $U_{vw} = 100\text{ V}$，$U_{uv} = U_{wu} = \dfrac{100}{\sqrt{3}}\text{ V}$。

(a) 原理接线图　　　　　　　　　(b) 相量图

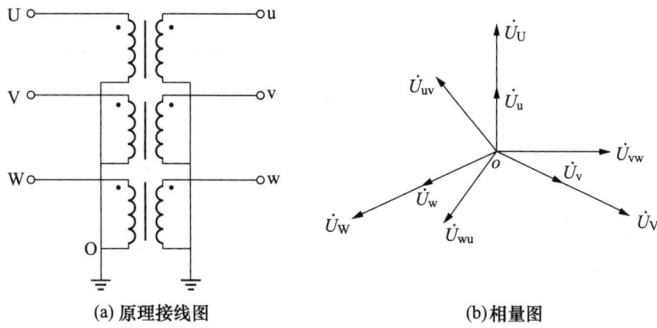

图 2.22　电压互感器 YN，yn 接线正确时原理接线图和相量图

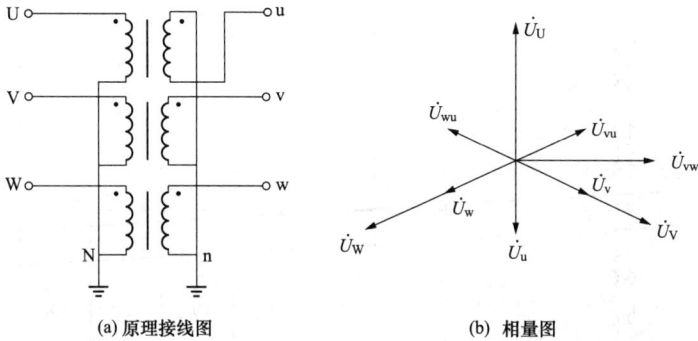

(a) 原理接线图　　　　　　　　　(b) 相量图

图 2.23　电压互感器 U 相极性接反时原理接线图和相量图

　　电压互感器 V 型接线一、二次侧断线时二次侧线电压数值如表 2.9 所示，V，v 接法电压互感器极性接反的相量图及线电压如表 2.10 所示。

表 2.9　　　　　　　电压互感器 V 型接线一、二次侧断线时二次侧线电压数值

序号	故障断线情况	故障断线接线图（实线为有功电能表，虚线为无功电能表）	电压互感器一、二次侧断线时二次侧线电压/V								
			二次侧不接电能表（空载）			二次侧接一只有功电能表			二次侧接一只有功电能表和一只无功电能表		
			U_{uv}	U_{wv}	U_{wu}	U_{uv}	U_{wv}	U_{wu}	U_{uv}	U_{wv}	U_{wu}
1	一次侧 U 相断相		0	100	100	0	100	100	50	100	50
2	一次侧 V 相断相		50	50	100	50	50	100	50	50	100
3	一次侧 W 相断相		100	0	100	100	0	100	100	33	67

序号	故障断线情况	故障断线接线图（实线为有功电能表，虚线为无功电能表）	电压互感器一、二次侧断线时二次侧线电压/V								
			二次侧不接电能表（空载）			二次侧接一只有功电能表			二次侧接一只有功电能表和一只无功电能表		
			U_{uv}	U_{wv}	U_{wu}	U_{uv}	U_{wv}	U_{wu}	U_{uv}	U_{wv}	U_{wu}
4	二次侧 u 相断相	（接线图）	0	100	0	0	100	100	50	100	50
5	二次侧 v 相断相	（接线图）	0	0	100	50	50	100	67	33	100
6	二次侧 w 相断相	（接线图）	100	0	0	100	0	100	100	33	67

表 2.10　　　V，v 接法电压互感器极性接反的相量图及线电压

序号	极性接反相别	接线图	相量图	二次侧线电压/V
1	u 相极性接反	（接线图）	（相量图）	$U_{uv}=100$ $U_{vw}=100$ $U_{wu}=173$
2	w 相极性接反	（接线图）	（相量图）	$U_{uv}=100$ $U_{vw}=100$ $U_{wu}=173$
3	u、w 相极性都接反	（接线图）	（相量图）	$U_{uv}=100$ $U_{vw}=100$ $U_{wu}=100$

【实训操作】分析判断三相三线电能计量装置错误接线方式

一、所需的工具及仪表

（1）工具：低压验电笔、螺丝刀、工作牌、安全帽及绝缘手套等。

（2）仪表：MG2000 手持式双钳相位伏安表。

二、实训内容和步骤

1. 数据测量

用相位伏安表测量电压、电流及相位角如表 2.11 和表 2.12 所示。

表 2.11　　　　　　　　　　　　　　测定三相电压、电流

电压/V				电流/A	
U_{12}		U_{10}		I_1	
U_{32}		U_{20}		I_2	
U_{31}		U_{30}			

表 2.12　　　　　　　　　　　　　　测定电压电流相位及相序

相位角/（°）			
U/I	U_{32}	I_1	I_2
U_{12}			
相序			

2. 操作步骤

（1）测量三相电压。用钳型数字相位伏安表测量电能表电压端钮三相电压。在正常情况下，三相电压是接近相等的，约为 100V（以高压三相三线表为例，以下相同）。若测得的各相电压相差较大，说明电压回路存在断线或极性接反的情况。

依据各种电压数值及相位关系，基本可以判定电压互感器的断线及二次侧极性接反的各种情况。一般情况下，当判明电压互感器存在断线或极性接反的情况时，若做好记录后，再做检查。

（2）检查电压接地点及判明接线方式。先将数字伏安表电压接线端的一端接地，另一端接入电能表电压端钮，若有两个电压端钮对地电压为 100V，余下一端对地电压为 0V，则说明两台单相电压互感器为 V，v 形连接，电压约等于 0 的相为 V 相，是接地相（$U_{uo}=U_{wo}=100V$，$U_{vo}=0V$）。若各电压端钮对地电压约等于相电压（57.7V），则说明三相电压互感器为 Y，yn 形连接，二次侧中性点接地。若电压端钮对地无电压或电压数值很小，说明二次电压回路没有接地。

（3）测相位夹角确定相序。用相位伏安表测定电压电流之间的相位角，再根据已判明的接地相为 V 相，就能根据相量图确定其余两相所属相别。在不存在断线和极性接反的情况下，三相电压在正相序时有三种可能的顺序：U_u、U_v、U_w，U_v、U_w、U_u，U_w、U_u、U_v，即相电压 u、v、w 相呈顺时针方向旋转。在逆相序时三相电压也有三种可能的顺序：U_u、U_w、U_v，U_v、U_u、U_w，U_w、U_v、U_v，即相电压 u、v、w 相呈逆时针方向旋转。

（4）测量电流互感器二次电流。用钳形电流表依次测量各相电流是否接近相等，判明有

无 $\sqrt{3}$ 倍相电流存在和电流回路有无短路或断路情况。

当电流互感器接成 V 形时，二次回路最好采用四根导线，其优点是减少错误接线机会，不会产生 I_{uw} 或 I_v 电流。这样电流回路的电流只有八种可能，即：I_u、I_w，I_w、I_u，$-I_u$、$-I_w$，$-I_w$、$-I_u$，I_u、$-I_w$，$-I_u$、I_w，I_w、$-I_u$，$-I_w$、I_u。

总之，经过上述检查步骤后，发生错误接线的概率将大大降低。二次电压回路如果没有断线和极性接反，则电压回路只有 6 种可能的错误接线方式；二次电流回路如果没有断线、短路或 $\sqrt{3}I$ 和 I_u 电流接入电能表线圈，则电流回路只有 8 种可能的错误接线方式，这样，电压和电流错误接线方式最多可组合为 48 种，电压为正相序有 24 种，其中只有一种接线方式是正确的，即 U_u、U_v、U_w，I_u、I_w；电压逆相序有 24 种，其中只有一种接线方式可正确计量，即 U_w、U_v、U_u，I_w、I_u。

（5）判断电能表接线方式。经过上述检查步骤后，还不能确定电能表电流与电压的对应关系，还不能确定是 48 种接线方式中的哪一种，因此还必须画相量图来进一步确定错误接线方式。

（6）正确描述故障结果。

1）电压相序：

2）电压互感器一次（二次）断相：

3）电压互感器极性反：

4）电流相序：

5）电流短路：

6）电流断相：

7）电流互感器反极性：

8）电流表尾反：

（7）写出各元件功率表达式及总的功率表达式。

$$P_1 = U_{12}I_1\cos\varphi_1 \qquad\qquad P_2 = U_{32}I_2\cos\varphi_2$$
$$P' = P_1 + P_2 = U_{12}I_1\cos\varphi_1 + U_{32}I_2\cos\varphi_2$$

（8）求出更正系数。

$$K = \frac{P_0}{P'} = \frac{\sqrt{3}U_L I_L\cos\varphi}{P_1 + P_2}$$

三、三相三线电能计量装置错误接线检查与分析注意事项

（1）测量前，要进行验电操作。

（2）使用仪表进行测量时，量程要先大后小进行换档。

（3）严禁带电换档。

（4）测量相位角注意钳形电流夹的方向。

（5）根据测量数据画出相量图，确定第一元件和第二元件接入的电压和电流。

（6）正确计算更正系数。

四、评分表

三相三线电能计量装置错误接线检查与分析评分标准如表 2.13 所示。

表 2.13　　　　　　　　三相三线电能计量装置错误接线检查与分析评分标准

项目	三相三线电能计量装置错误接线检查与分析			姓名：		学号：
序号	评分类别	质量要求	配分	评分标准		得分
1	着装、工器具及材料准备要求	1. 戴安全帽、穿工作服及绝缘鞋	10	未戴安全帽、未穿工作服及绝缘鞋不得进入实训场地，每样扣3分		
		2. 所有工器具、材料准备齐全		工器具不齐全，每样扣3分		
		3. 正确使用各种工器具，不发生掉落及损坏现象		工器具使用不正确，发生掉落及损坏现象，量程使用不当等，每样扣3分		
2	验电	1. 工作前、后均视为验电（器）笔良好	10	验电前触摸到柜体金属部分，未使用验电笔（器）对柜体金属部分进行验电或戴手套验电，每样扣5分		
		2. 使用验电笔（器）对柜体金属部分进行验电				
3	仪表、工具使用	正确使用仪表、工具	30	仪器、仪表使用不当（如档位使用错误、带电切换档位等），每处扣3分		
				出现仪表掉落，每次扣3分		
				工器具的绝缘措施不符合要求，每样扣3分		
				操作过程中工器具、端钮盒盖等每掉落一次扣2分		
4	故障查处	1. 数据测试	40	数据测试正确，单位等书写正确，每样不正确扣1分		
		2. 相量图的绘制		根据测量的电压、电流以及电压与电流之间的相位角绘制相量图		
		3. 错误接线方式		根据测量数据绘制的相量图分析，第一元件、第二元件电压和电流的接线方式		
		4. 第一元件、第二元件的错误接线功率表达式		根据相量图写出第一元件、第二元件的错误接线功率表达式，每项不正确扣3分		
		5. 更正系数计算		根据测量数据进行分析，计算错误接线的功率，求出更正系数，不正确扣3分		
5	操作要求	1. 在正确的位置操作	10	在正确的位置操作、测试，每样不正确扣3分		
		2. 测试异常		因自己的操作错误导致装置出现异常，每样不正确扣5分		
6	考试时间要求	在规定时间内完成		在规定时间内完成不扣分，每超过5min（含5min之内），从总分中倒扣3分，但不超扣10分		
7	其他要求	工作结束后，应清理工作现场，满足安全、文明生产要求		未清理现场，从总分倒扣5分，违反安全及文明生产规定，从总分倒扣10分		
总分						

任务二　三相三线电能计量装置二次带负载时断线

【教学目标】

知识目标

（1）掌握三相三线电能计量装置无功电能表接线。

（2）掌握三相三线电能计量装置断线接线形式判断的方法、步骤。

能力目标

（1）熟练操作相位伏安表测量电能表的电压、电流和相位角。

（2）熟练掌握相量图绘制。

（3）熟练掌握用相量图法分析判断计量装置断线接线情况。

态度目标

（1）自主学习，独立思考。

（2）学习过程中遇到问题，分析分问题并解决问题。

（3）有团队精神，共同讨论，共同完成任务。

（4）遵守安规，爱岗敬业。

一、60°型三相三线无功电能表接线

感应式电能表的电压线圈理想情况可看作是纯电感，内相角 $\beta = 90° + \alpha_1$。在有功电能表的每个电压线圈中串接一个附加电阻 R，并且加大电压铁心工作磁通磁路中的空气隙，以降低电压线圈的电感量，使电压 $\dot{U}$ 超前电压工作磁通 Φ_u 的角度不再是 $90° + \alpha_1$，而是 $60° + \alpha_1$，将此种表称为 60°型无功电能表。目前我国计量三相三线无功电能表普遍采用的是 DX8 型无功电能表。

60°型无功电能表的接线原则是：第一元件中接入 $\dot{U}_{VW}$、$\dot{I}_U$；第二元件中接入 $\dot{U}_{UW}$、$\dot{I}_W$，其原理接线图如图 2.24 所示，相量图如图 2.25 所示。

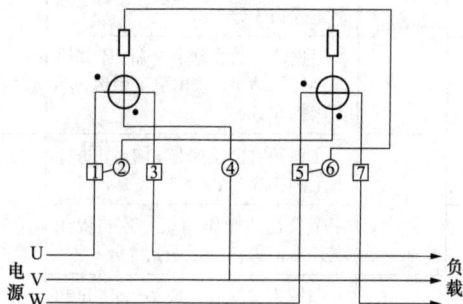

图 2.24　60°型三相三线无功电能表原理接线图　　　　图 2.25　60°型三相三线无功电能表相量图

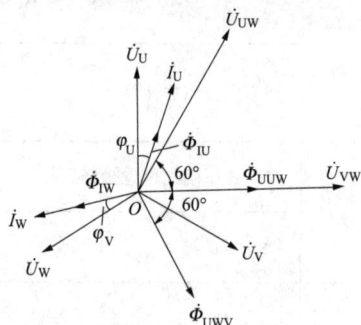

为了叙述方便，假定每组元件的磁路损耗角 $\alpha_1 = 0°$，由 60°型三相三线无功电能表相相量图可知，电能表两组元件产生的驱动力矩分别为：

$$M_1 = K_Q \phi U_{UVW} \phi_{IU} \sin(150° - \varphi_U) = K_Q \phi U_{UVW} \phi_{IU} \sin(30° + \varphi_U)$$

$$M_2 = K_Q \phi U_{UVW} \phi_{IW} \sin(210° - \varphi_W) = -K_Q \phi U_{UVW} \phi_{IW} \sin(30° - \varphi_W)$$

由于 $\phi_{UVW} \propto U_{VW}$，$\phi_{UUW} \propto U_{UW}$，$\phi_{IU} \propto I_U$，$\phi_{IW} \propto I_W$，当三相电压对称时，电能表产生的总驱动力矩可写作：

$$M_Q = M_1 + M_2 = KU_L[I_U \sin(30° - \varphi_U) - I_W \sin(30° - \varphi_W)]$$

因为线电压 U_L 等于 $\sqrt{3}$ 倍相电压 U_{pk}，所以上式可以写成为：

$$M_Q = K\sqrt{3}U_{pk}[I_U \sin(30° + \varphi_U) - I_W \sin(30° - \varphi_W)]$$

$$= K\sqrt{3}U_{pk}\left(\frac{1}{2}I_U \cos\varphi_U + \frac{\sqrt{3}}{2}I_U \sin\varphi_U - \frac{1}{2}I_W \cos\varphi_W + \frac{\sqrt{3}}{2}I_W \sin\varphi_W\right)$$

$$= KU_{pk}\left(\frac{\sqrt{3}}{2}I_U \cos\varphi_U + \frac{3}{2}I_U \sin\varphi_U - \frac{\sqrt{3}}{2}I_W \cos\varphi_W + \frac{3}{2}I_W \sin\varphi_W\right)$$

$$= KU_{pk}(I_U \cos\varphi_U + I_W \sin\varphi_W + I_U \sin(60° + \varphi_U) - I_W \sin(60° - \varphi_W))$$

在三相三线电路中，无论三相电流是否对称，总有 $\dot{I}_U + \dot{I}_V + \dot{I}_W = 0$，所以各相电流在 $\dot{U}_V$ 垂直的纵坐标线投影为：

$$I_U \sin(60° + \varphi_U) = I_W(60° - \varphi_W) + I_V \sin\varphi$$

即：

$$I_V \sin\varphi_V = I_U \sin(60° + \varphi_U) - I_W(60° - \varphi_W)$$

所以电能表总驱动力矩为：

$$M_Q = KU_{pk}(I_U \sin\varphi_U + I_V \sin + \varphi_V + I_W \sin + \varphi_W)$$

$$= K(U_{pk}I_U \sin\varphi_U + U_{pk}I_V \sin + \varphi_V + U_{pk}I_W \sin + \varphi_W)$$

$$= KQ$$

图 2.26 为 60°型三相三线无功电能表经电流互感器接入式原理接线图；图 2.27 为 60°型三相三线无功电能表经电流、电压互感器（V、v 接线）接入式原理接线图。

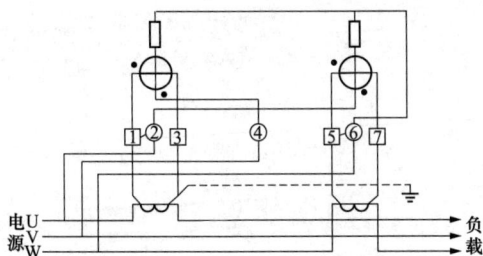

图 2.26　60°型三相三线无功电能表经
电流互感器接入式原理接线图

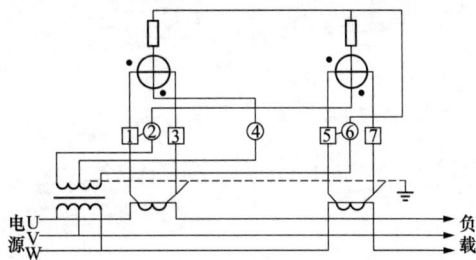

图 2.27　60°型三相三线无功电能表经电流、
电压互感器（V，v 接线）接入式原理接线图

二、三相三线电能计量装置断线分析

带负载时，假定所带负载为一只三相三线有功电能表（UV、WV 间各接一个电压线圈）和一只 60°型三相三线无功电能表（VW、WU 间各接一个电压线圈），并假设各电压线圈阻抗相等，测量用电压表为高内阻，画出二次侧断线的等值电路图。

（1）带负载时，二次侧 u 相断线的接线图和等值电路图如图 2.28 所示。

从等值电路图［图 2.28（b）］中可知：

$$U_{vw} = 100V \qquad U_{uv} = U_{wu} = \frac{1}{2}U_{vw} = 50V$$

（2）带负载时，二次侧 v 相断线的接线图和等值电路图如图 2.29 所示。

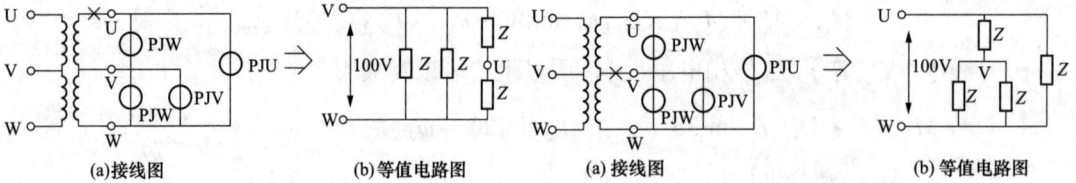

图 2.28 带负载时，二次侧 u 相断线   图 2.29 带负载时，二次侧 v 相断线

从等值电路图［图 2.29（b）］中可知：

$$U_{uw} = 100V \qquad U_{wv} = \frac{2}{3}U_{uw} = 66.6V \qquad U_{wv} = \frac{1}{3}U_{uw} = 33.3V$$

（3）带负载时，二次侧 w 相断线的接线图和等值电路图如图 2.30 所示。

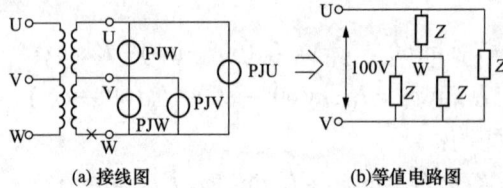

图 2.30 带负载时，二次侧 w 相断线

从等值电路图［图 2.30（b）］中可知：

$$U_{uv} = 100V \qquad U_{uw} = \frac{2}{3}U_{uv} = 66.6V \qquad U_{wv} = \frac{1}{3}U_{uv} = 33.3V$$

模块三　电能计量装置的现场检验

项目一　电能计量知识概述

任务一　电能计量基础知识

【教学目标】

知识目标

（1）掌握智能电能表基础理论知识。

（2）掌握电能表参数含义。

（3）了解互感器参数含义。

能力目标

（1）掌握电能计量常用的名词术语。

（2）理解计量封印的作用。

态度目标

（1）自主学习，独立思考。

（2）学习过程中遇到问题，分析分问题并解决问题。

（3）有团队精神，共同讨论，共同完成任务。

（4）遵守安规，爱岗敬业。

电能计量装置是用于计量电量的器具，是由各种类型的电能表或计量用电压、电流互感器（或专用二次绕组）及其二次回路相连接组成的用于计量电能的装置，包括电能计量柜（箱、屏）。

一、计量器具介绍

（一）名词术语

1. 需量、需量周期和最大需量

需量指的是每个需量周期内的平均功率。

需量周期就是测量平均功率的连续相等的时间间隔。

最大需量是指在规定的时间段内记录的需量的最大值。例如，在 1h 内，每 15min 测量一次，在这 4 个周期内所测得的最大的那个平均功率值就是最大需量。

2. 尖、峰、谷、平时段

电力系统日负荷曲线中最突出的时段称尖时段，高峰负荷对应的时段称峰时段，低谷负荷对应的时段称谷时段，尖、峰、谷以外的时段称平时段。一般尖、峰、谷时段由各网省公司根据各省用电情况自行定义。

3. 电能计量装置二次回路

互感器二次侧和电能表及其附件相连接的线路叫电能计量装置二次回路。

（二）电能表

1. 常用电能表分类

电能表按使用电源性质分类可分为交流电能表和直流电能表；按工作原理分类可分为感应式电能表、机电式电能表、数字式电能表和电子式电能表，现在广泛应用的智能电能表属于电子式电能表；按准确度等级分类可分为普通安装式电能表（0.2 级、0.5 级、1.0 级、2.0 级、3.0 级）和精密级标准电能表（0.01 级、0.02 级、0.05 级、0.1 级）；按用途分类可分为应用型电能表和标准电能表、有功与无功电能表、单相表、三相三线表、三相四线表。

2. 相关参数定义

电能计量单位：有功电能表为 kW（或 kW·h），无功电能表为 kvar（kvarh）。

准确度等级：以相对误差来表示准确度等级。

电能表常数 C 的意义：负载每消耗 1kW·h 电能，转盘的转数或脉冲数。例如：1200imp/kW·h，即脉冲闪烁 1200 次，消耗 1kW·h 电能。

额定频率：确定电能表有关特性的频率值，以赫兹（Hz）作为单位。

标定电流和额定最大电流：标定电流（基本电流）是确定电能表有关特性的电流值，用 I_b 表示。额定最大电流是电能表长期正常工作，满足制造标准规定的准确度的最大电流，用 Imax 表示。例如：3×10（40）A 表示电能表的标定电流为 10A，最大电流为 40A。

额定电压：指的是确定电能表有关特性的电压值，用 U_N 表示。

（1）不经电压互感器接入：单相表的额定电压（适用于低压单相系统电能计量）为 220V；电压直接接入式三相四线表（适用于低压三相系统电能计量）额定电压为 3×220/380V。

（2）经电压互感器接入：三相三线表（适用于接入中性点绝缘系统的电能计量的额定电压为 3×100V）；三相四线表（适用于接入非中性点绝缘系统的电能计量）的额定电压为 3×57.7/100V。

（三）互感器

测量用互感器在电力线路中对交流电压或电流进行变换，以满足高电压或大电流的测量。常用电压互感器有电磁式和电容式，电流互感器一般为电磁式。

电压互感器的作用是把高电压按照一定的比例变换成低电压。在电压互感器的铭牌上分别标明了一次绕组、二次绕组、零序电压绕组的额定电压值。一般规定二次额定电压为 100V 或 57.7V。电流互感器的作用是把大电流变换成小电流，供给测量仪表和继电保护装置，二次侧的电流一般为 5A 和 1A。

低压电流互感器是安装在 0.4kV 低压电力线路上作为计量用途的电流互感器，准确度等级有 0.2S 和 0.5S 级。参数说明如下。

（1）额定频率范围：（50±0.5）Hz。

（2）额定一次电流的标准值为：10A、15A、20A、30A、40A、50A、60A、75A、80A 及其十进位倍数或小数。

（3）额定扩大一次电流倍数的标准值为：1.2、1.5、2。

（4）额定二次电流的标准值为：5A、1A。

（5）二次额定电流为 1A 的电流互感器，额定二次负荷的标准值为 2.5VA、5VA，额定下限负荷的标准值为 1VA，功率因数为 0.8～1.0。

（6）二次额定电流为 5A 的电流互感器，额定二次负荷的标准值为 5VA、10VA，额定下限负荷的标准值为 2.5VA 和 3.75VA，功率因数为 0.8～1.0。

（四）计量箱

电力计量箱是在 3～35kV 电力系统中用于电能计量的设备，包括组合互感器（采集三相电流及电压信号）、箱体、电度表、避雷器、真空断路器（预付费类有）等，电流精度等级为 0.2S，电压精度等级为 0.2。计量箱内安装有塑壳断路器、表后漏电保护器、分线母排（汇流端子排）、铜塑线。

按型式计量箱分为单相表组合式计量箱、单相表集中式计量箱、三相四线直入式计量箱、三相四线互感式计量箱、变压器分体式计量箱等种类。

单相表组合式计量箱实现 1、2、4、6、8、10、12 表位组合，并配有对应表后漏电保护器。单相表集中式计量箱规定 4、6 表位集中安装，配有对应表后漏电保护器，并带有表前控制单元。

三相四线直入式计量箱可用于 1 块直入式三相四线电能表安装，同时应装有塑壳断路器和表后断路器。三相四线互感式计量箱可用于安装 2 块三相四线电能表及 3 只低压电流互感器，按装接容量分为大、中、小号，分别适用于 99kW、66kW、33kW 的用户计量，计量箱应有门接点及三相四线联合接线盒，同时应装有塑壳断路器和表后断路器。

变压器分体式计量箱按变压器容量分 A、B、C 型。其中，A 型适用于 100kVA 及以下容量变压器；B 型适用于 125～250kVA 变压器；C 型适用于 315～630kVA 变压器。

二、计量器具条形码

电能计量器具条码是由国家电网公司统一规定的、用于表示电能计量器具标识代码的条码。江西省电能计量器具条码构成如图 3.1 所示，其中，类型代码若只有大类代码的，小类代码用 00 表示。序列号由 12 位数字组成，序列号的编制遵循唯一性原则。

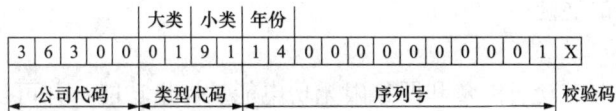

		大类	小类	年份			
3 6 3 0 0 0		1 9	1 1	1 4	0 0 0 0 0 0 0 0 0 0 0 1		X
公司代码		类型代码			序列号		校验码

图 3.1　江西省电能计量器具条码构成

三、电能计量封印

电能计量封印是指具有自锁、防撬、防伪等功能，用来防止未授权的人员非法开启电能计量装置及相关设备，或确保电能计量装置不被随意开启，且具有法定效力的一次性使用的专用标识物体。由于采用内附 RFID 射频标签（电子标签）作为信息载体的封印，故也简称电子封印。

任务二　智能电能表的功能

【教学目标】

知识目标

（1）掌握智能电能表的分类。

（2）熟悉智能电能表的功能。

能力目标

（1）了解智能电能表的组成。

（2）掌握智能电能表液晶屏显示符号的含义。

态度目标

（1）自主学习，独立思考。

（2）学习过程中遇到问题，分析分问题并解决问题。

（3）有团队精神，共同讨论，共同完成任务。

（4）积极向上，刻苦钻研。

电能表的出现距今已有一百多年了，发展历程可概括为：感应式电能表、电子式电能表、智能电能表。

一、智能电能表的定义

智能电能表是指由测量单元、数据处理单元、通信单元等组成，具有电能量计量、信息存储及处理、实时监测、自动控制、信息交互等功能的电能表。其是在电能计量基础上重点扩展了信息存储及处理、实时监测、自动控制、信息交互等功能，这些功能都是围绕加强智能电网建设而增加的，以满足电能计量、营销管理、客户服务的目的。

二、智能电能表的分类

按有功电能计量准确度等级划分：有 0.2S、0.5S、1、2 四个等级。

按照负荷开关划分：有内置和外置负荷开关两种。

按照通信方式划分：有 RS485 通信、载波通信、公网通信、微功率无线通信等几种。

按相线分：有单相电能表、三相三线电能表、三相四线电能表三种。

按照费控方式划分：有本地费控与远程费控两种。

三、智能电能表的功能

1. 电能计量功能

其具有正向、反向有功电能量和四象限无功电能量计量功能，并可以据此设置组合有功和组合无功电能量；具有分时计量功能，可对尖、峰、平、谷等各时段电能量及总电能量分别进行累计、存储；具有计量分相有功电能量的功能。

2. 需量功能（仅对三相表）

在约定的时间间隔内（一般为一个月），其可测量单向或双向最大需量、分时段最大需量及其出现的日期和时间；需量周期可在 5、10、15、30、60min 中选择；滑差式需量周期的滑差时间可以在 1、2、3、5min 中选择；需量周期应为滑差时间的 5 的整倍数。

3. 时钟

其具有温度补偿功能的内置硬件时钟电路，使用环保型的锂电池作为时钟备用电源；时钟备用电源在电能表寿命周期内无须更换，断电后应维持内部时钟正确工作时间累计不少于5 年；电池电压不足时，电能表应给予报警提示。

4. 费率和时段功能

（1）有尖、峰、平、谷四个费率。其具有两套可以任意编程的费率和时段，并可在设定的时间点启用另一套费率和时段。

（2）全年至少可设置 2 个时区；24h 内至少可以设置 8 个时段；时段最小间隔为 15min，且应大于电能表内设定的需量周期；时段可以跨越零点设置。

（3）支持节假日和公休日特殊费率时段的设置。

（4）不同电力公司设置时段会有所差别，江西公司时段设置如下。

1）单相表。单相表为居民户表，居民电价只有峰谷，峰：08:00—22:00，谷：22:00—08:00（次日）。

2）三相表。时区划分（季节）如下。

- 第一段时区：1 月 1 日—6 月 30 日，采用第一日。
- 第二段时区：7 月 1 日—9 月 30 日，采用第二日。
- 第三段时区：10 月 1 日—11 月 30 日，采用第一日。
- 第四段时区：12 月 1 日—12 月 31 日，采用第三日。
- 第一日费率时段。平：5:00—17:00、峰：17:00—23:00、谷：23:00—5:00。
- 第二日费率时段。平：5:00—17:00、峰：17:00—19:00、尖：19:00—21:00、峰：21:00—23:00、谷：23:00—5:00。
- 第三日费率时段。平：5:00—17:00、峰：17:00—18:00、尖：18:00—21:00、峰：21:00—23:00、谷：23:00—5:00。

5. 数据存储

至少应能存储上 12 个结算日的单向或双向总电能和各费率电能、最大需量数据；数据转存分界时刻为月末的 24 时（月初零时），或在每月的 1 日至 28 日内的整点时刻。

6. 冻结

（1）定时冻结。按照约定的时刻及时间间隔冻结电能量数据；每个冻结量至少应保存 60 次。

（2）瞬时冻结。在非正常情况下，冻结当前的日历、时间、所有电能量和重要测量量的数据；瞬时冻结量应保存最后 3 次的数据。

（3）日冻结。存储每天零点的电能量，应可存储 62 天的数据量。停电时刻错过日冻结时刻，上电时补全日冻结数据，最多补最近 7 个日冻结数据。

（4）约定冻结。在新老两套费率/时段转换、阶梯电价转换或电力公司认为有特殊需要时，冻结转换时刻的电能量以及其他重要数据。

（5）整点冻结。存储整点时刻或半点时刻的有功总电能，应可存储 254 个数据。

7. 事件记录功能

可记录各相失压、各相断相、各相失流、电压（流）逆相序、潮流反向、掉电、需量超限、恒定磁场干扰事件、电源异常事件、内置负荷开关误动作、需量清零、编程、校时、各相过载、记录开表盖、记录开端钮盖的总次数及发生时刻、结束时刻。

可永久记录电能表清零事件的发生时刻及清零时的电能量数据，记录最近 1 次拉闸和最近 10 次合闸事件，记录拉、合闸事件发生时刻、操作者代码和电能量数据。

8. 通信功能

通信方式有：RS485 通信、红外通信、载波通信、公网通信、微功率无线通信。

9. 报警功能

具有发光或声音报警输出。光报警采用红色常亮指示，当事件恢复正常后报警自动结束。

声报警生效后，可通过按键关闭，当事件恢复正常后报警自动结束。

报警事件包括：失压、失流、逆相序、过载、功率反向（双向表除外）、电池欠压等。

10. 费控功能

费控功能的实现分为本地和远程两种方式。

11. 阶梯电价

在一个约定的用电结算周期内，把用电量分为两段或多段，每一分段对应一个单位电价，单位电价在分段内保持不变，但是可随分段不同而变化。

本地费控电能表具有两套阶梯电价，并可在设置时间点启用另一套阶梯电价计费。支持以月、年为计费周期的阶梯算费方式，称为月阶梯、年阶梯，并支持电能表在指定时间实现两种方式自动切换。

12. 停电抄表及显示

（1）在停电状态下，电能表能通过按键或非接触（红外）方式唤醒电能表抄读数据，非接触方式唤醒采用连续发送唤醒特殊命令"68 11 04"，持续发送时间为 5～10s，掉电 7 日后禁止非接触唤醒。其中单相电能表不要求停电状态下的非接触方式唤醒。

（2）三相电能表停电唤醒后应能通过红外通信方式抄读表内数据。

13. 保电功能

（1）电能表具有远程保电功能，当电能表接收到保电命令时便处于保电状态，在保电状态下的电能表不执行任何情况引起的拉闸操作直至解除保电命令。

（2）保电解除命令只解除保电状态，不改变表计当前状态。

（3）电能表在保电状态下接收到拉闸命令后，电能表不执行拉闸操作，液晶"拉闸"字样不允许出现，电能表返回处于保电状态拉闸失败的信息。

（4）已处于拉闸状态的电能表在接收到保电命令后，电能表液晶"拉闸"字样消失，对于负荷开关内置表，电能表处于合闸允许状态，跳闸灯闪烁，按下轮显键 3s（或收到直接合闸命令）后电能表合闸；对于负荷开关外置表，收到保电命令时表内继电器直接合闸。保电命令解除后，电能表处于继续用电状态，远程费控表如果要拉闸，主站再下发拉闸命令，本地费控表根据剩余电费决定是否执行拉闸。

（5）电能表在跳闸前的延时过程中接收到保电命令时，电能表液晶"拉闸"字样消失，电能表继续工作。保电命令解除后，电能表处于继续用电状态，远程费控表如果要拉闸，主站再下发拉闸命令，本地费控表根据剩余电费决定是否执行拉闸。

四、智能电能表液晶屏显、指示灯及铭牌标识含义

（1）单相电能表现场运行中液晶屏显示符号的含义如下。

"📞"：表示红外、RS485 通信中。

"⌂"：显示为测试密钥状态，不显示为正式密钥状态。

"🔒"：电能表锁定挂起指示。

"⋏"：模块通信中。

"⬅"：功率反向指示。

"⌧"：电池欠压指示。

"👓"：红外认证有效指示。

"LN"：相线、零线。

（2）三相电能表液晶屏上显示符号的含义如下。

“尖峰平谷”：指示当前费率状态（尖峰平谷），“△1△2”指示当前套、备用套阶梯电价，△1表示运行在当前套阶梯，△2表示有待切换阶梯，即备用阶梯套有效。

“①”“②”：第 1、2 套时段/当前套、备用套/费率。

“🔋🔋”：时钟电池欠压指示、停电抄表电池欠压指示。

“Yıll”：无线通信在线及信号强弱指示。

“🔔”：报警指示。

[1][2][3][4]：指示当前运行第“1、2、3、4”阶梯电价。

UaUbUc逆相序-Ia-Ib-Ic的含义从左到右依次如下。

1）三相实时电压状态指示，Ua、Ub、Uc 分别对应 U、V、W 相电压，某相失压时，该相对应的字符闪烁；三相都处于分相失压状态或全失压时，Ua、Ub、Uc 同时闪烁，三相三线表不显示 Ub。

2）“逆相序”是电压电流逆相序指示。

3）三相实时电流状态指示，Ia、Ib、Ic 分别对于 U、V、W 相电流。某相失流时，该相对应的字符闪烁；某相断流时则不显示。当失流和断流同时存在时，优先显示失流状态。某相功率反向时，显示该相对应符号前的“–”。某相断相时对应的电压、电流字符均不显示。电表满足掉电条件时，三相电压电流符号均不显示。

（3）电能表上的红色指示灯是脉冲灯，平时灭，计量有功电能时闪烁；黄色指示灯是跳闸灯，电能表跳闸断开时常亮，平时灭；红外通信口是用于和电能表进行红外通信的接口，在认证通过后可对电能表进行抄读或设置数据。

（4）电能表费控开关是内置开关时铭牌上标注“-○́○-”，外置时不标注。电池可更换的电能表铭牌上会标注“⊣⊢”符号，电池不可更换的则不标注。

（5）电能表铭牌上的OOP表明电能表采用的是 OOP 协议（面向对象通信协议），如图 3.2 所示，传统的 645 协议电能表铭牌上没有此标识。

图 3.2　OOP 电能表外观识别示意图

五、通信

通信信道物理层必须独立，任意一条通信信道的损坏都不得影响其他信道正常工作。通信时，电能表的计量性能、存储的计量数据和参数不应受到影响和改变。电能表与通信模块接口均应设计相应的保护电路，在热拔插通信模块及模块损坏等情况下，均不应引起电能表复位或损坏。

1．载波通信

其是指将电力线作为数据/信息传输载体的一种通信方式。

（1）电能表可配置窄带或宽带载波模块。

（2）接口通信速率默认值为 2400bit/s。

（3）采用外置即插即用型载波通信模块的电能表，载波通信接口应有失效保护电路，即在未接入、接入或更换通信模块时，不应对电能表自身的性能、运行参数以及正常计量造成影响。在载波通信时，电能表的计量性能、存储的计量数据和参数不应受到影响和改变。

（4）电能表上电 5s 内可以进行载波通信。

2. 公网通信

其是指采用无线公网信道，如 GSM/GPRS、CDMA 等实现数据传输的通信。

（1）电能表的无线通信接口组件采用模块化设计，更换或去掉通信模块后，电能表自身的性能、运行参数以及正常计量不应受到影响。更换通信网络时，应只需更换通信模块和软件配置。

（2）支持 TCP 与 UDP 两种通信方式，通信方式由主站设定，默认为 TCP 方式。在 TCP 通信方式下，终端初始化后和到心跳周期时，应主动与主站心跳 3 次，如不成功则在下一个心跳周期之前不再主动心跳；心跳周期由主站设置。

（3）接口通信速率默认值为 2400bit/s。

3. RS485 通信

RS485 接口通信速率可设置，标准速率为 1200bit/s、2400bit/s、4800bit/s、9600bit/s，默认值为 2400bit/s。

（1）电能表上电完成后 3s 内可以使用 RS485 接口进行通信。

（2）RS485 接口应能保证在 485 总线上正、反接线都能正常通信。

4. 红外通信

（1）红外有效通信距离不小于 5m。

（2）调制型红外接口的默认通信速率为 1200bit/s。

（3）红外操作前需要进行红外认证，打开操作权限。认证不通过，只能读出表号、通信地址、备案号、当前日期、当前时间、当前电能、当前剩余金额、红外认证查询命令，其他信息不允许读出，所有信息均不允许设置。停电唤醒情况下，电能表不支持红外认证，通过红外通信的电能表只能读者认证不通过情况的数据。

5. 微功率无线通信

（1）接口通信速率默认值为 2400bit/s。

（2）在微功率无线通信时，电能表的计量性能、存储的计量数据和参数不应受到影响和改变。

项目二 单相表现场检验

任务一 电能表现场检验内容

【教学目标】

知识目标

（1）掌握电能表现场检验的要求。

（2）掌握电能表现场检验的项目。

能力目标

（1）能组织电能表现场检验前的准备工作。

（2）能说明电能表现场检验的内容。

态度目标

（1）自主学习，独立思考。

（2）学习过程中遇到问题，分析分问题并解决问题。

（3）有团队精神，能与小组成员协商交流，共同完成任务。

（4）严格遵守安全规程，爱岗敬业、勤奋工作。

一、电能表现场检验的要求

电能计量技术机构应制订电能计量装置现场检验管理制度，依据现场检验周期、运行状态评价结果自动生成年、季、月度现场检验计划，并由技术管理机构审批执行。现场检验应按 DL/T 1664—2016 的规定开展工作，并严格遵守《电力安全工作规程电力线路部分》（GB 26859—2016）及《电业安全工作规程发电厂和变电站电气部分》（GB 26860—2016）等相关规定。

现场检验用标准仪器的准确度等级至少应比被检品高两个准确度等级，指示仪表的准确度等级应不低于 0.5 级，其量限及测试功能应配置合理。电能表现场检验仪器应按规定进行实验室验证（核查）。

现场检验电能表应采用标准电能表法，使用测量电压、电流、相位和带有错误接线判别功能的电能表现场检验仪器，利用光电采样控制或被试表所发电信号控制开展检验。现场检验仪器应有数据存储和通信功能，现场检验数据宜自动上传。

现场检验时不允许打开电能表罩壳和现场调整电能表误差。当现场检验电能表误差超过其准确度等级值或电能表功能故障时应在三个工作日内处理或更换。

新投运或改造后的Ⅰ、Ⅱ、Ⅲ类电能计量装置应在带负荷运行一个月内进行首次电能表现场检验。

运行中的电能计量装置应定期进行电能表现场检验，要求如下。

（1）Ⅰ类电能计最装置宜每 6 个月现场检验一次。

（2）Ⅱ类电能计量装置宜每 12 个月现场检验一次。

（3）Ⅲ类电能计量装置宜每 24 个月现场检验一次。

长期处于备用状态或现场检验时不满足检验条件（负荷电流低于被检表额定电流的 10%（S 级电能表为 5%）或低于标准仪器量程的标称电流 20% 或功率因数低于 0.5 时）的电能表，经实际检测，不宜进行实负荷误差测定，但应填写现场检验报告、记录现场实际检测状况，可统计为实际检验数。

对发、供电企业内部用于电量考核、电量平衡、经济技术指标分析的电能计量装置，宜应用运行监测技术开展运行状态检测，当发生远程监测报警、电量平衡波动等异常时，应在两个工作日内安排现场检验。

运行中的电压互感器，其二次回路电压降引起的误差应定期检测。35kV 及以上电压互感器二次回路电压降引起的误差，宜每两年检测一次。

当二次回路及其负荷变动时，应及时进行现场检验。当二次回路负荷超过互感器额定二次回路电压降超差时应及时查明原因，并在一个月内处理。

运行中的电压、电流互感器应定期进行现场检验，要求如下。

（1）高压电磁式电压、电流互感器宜每 10 年现场检验一次。

（2）高压电容式电压互感器宜每 4 年现场检验一次。

（3）当现场检验互感器误差超差时，应查明原因，制订更换或改造计划并尽快实施，时间不得超过下一次主设备检修完成日期。

运行中的低压电流互感器，宜在电能表更换时进行变比、二次回路及其负荷的检查。

当现场检验条件可比性较高，相邻两次现场检验数据变差大于误差限的 1/3，或误差的变化趋势持续向一个方向变化时，应加强运行监测，增加现场检验次数。

现场检验发现电能表或电能信息采集终端有故障时，应及时进行故障鉴定和处理。

二、现场校验前准备工作

（1）环境温度应在 0～35℃之间。

（2）电压对额定值的偏差不应超过 ±10%。

（3）频率对额定值的偏差不应超过 ±2%。

（4）现场检验时，当负荷电流低于被检电能表标定电流的 10%（对于 S 级的电能表为 5%）或功率因数低于 0.5 时，不宜进行误差检验。

（5）负荷应相对稳定。

三、计量装置检查

1. 验电

使用验电笔对计量箱（柜）金属裸露部分进行验电，并检查计量箱（柜）接地是否可靠。

2. 外观检查

（1）电能计量箱（柜）应有安全警示语、户号标识等，封印完整。

（2）计量箱（柜）观察窗应清洁完好，各电能表安装、运行环境条件应符合要求。

（3）用温湿度计监测现场试验环境并记录。

3. 拆封

拆除计量柜（箱、屏）和被检电能表的封印，并拍照留证。

4. 异常排查

检查现场计量装置是否有违约用电、窃电、串户等现象，如出现以上情况应及时处理。

5. 检查电能表时钟、时段

宜用计量现场作业终端检查以下项目。

（1）电能表时钟应准确，当时差小于 10min 时，应现场调整准确。当时差大于 10min 时，应查明原因后再行决定是否调整。

（2）电能表时段设置应符合客户电价类别。

6. 检查电能表异常记录、故障等信息

宜用计量现场作业终端检查以下项目。

（1）检查电能表抄表电池状态，当电池电量不足时应现场及时更换（仅适用于可更换电池的电能表）。

（2）检查电能表有无失压、断流等异常记录，有无故障。

（3）出现失压、断流等异常记录和故障时应查明原因，若影响计量应提出相应的退补电量依据，供相关部门参考。

7. 检查校验仪电压、电流试验导线

检查校验仪电压、电流试验导线通断是否良好，绝缘是否良好，如有问题应及时更换。

四、误差测试

1. 接入校验仪

（1）按客户容量（或电能表额定电流）选取合适变比的电流钳。

（2）校验仪接线顺序是：先开启现场校验仪电源，再依次接入电压试验线和电流钳。

（3）校验仪的电流钳应夹接在被试电能表出线侧。

（4）电压回路应接在被检电能表进线接线端子。

（5）校验仪通电预热。

2. 接线检查

用校验仪检查计量接线是否正确，当发现接线有误时应根据实际情况填写检查报告，告知客户认可。

3. 计量差错和不合理的计量方式检查

用现场校验仪测量工作电压、电流及相位是否正常、电压是否基本平衡，若不正常应查明原因。

4. 检查电能表显示的电量值、辅助测量值

（1）电能表的示值应正常，各时段计度器示值电量之和与总计度器示值电量的差值应不大于 $0.01 \times (n-1)$（n 为费率数），否则应查明原因，及时处理。

（2）电能表显示功率、电流、电压值应和现场校验仪测量值偏差不大于 1%，否则应查明原因，及时处理。

5. 测定电能表实负荷运行状态下的误差

（1）用校验仪测定实负荷下电能表的基本误差。

（2）按检验情况填写"电能表现场检验记录"，请客户签字确认。

（3）测量结果是否合格按《DL/T 1664—2016 电能计量装置现场检验规程》判定，不合格表应拆回室内进一步检定确认。

6. 拆除检验仪接线

（1）拆除校验仪电流钳，校验仪显示的电流值从实测值逐渐减少到零。

（2）拆除校验仪（内部电池供电）电压接线，校验仪显示的电压值从实测值全部变为零，关闭校验仪电源，整理试验接线。

（3）校验仪（外接工作电源）应先关机，再拆除电压导线。

7. 拆除临时电源

拆除临时电源，检查现场是否有遗留物品。

8. 加封

清扫整理检验现场，对拆封部位加装封印，用计量现场作业终端记录封印编号，并拍照留证。

9. 收工

（1）清理现场。

1）拆除现场安全措施。

2）清点设备和工具，并清理现场，做到工完料净场地清。

（2）签字确认。

履行运行单位、客户签字认可手续。

（3）办理工作票终结。

1）组织工作班成员有序离开现场。

2）办理工作票终结手续。

五、资料归档

1. 信息录入/上传

将检验记录及时录入或上传至系统。

2. 出具报告

根据检验数据出具检验报告。

3. 资料归档

工作结束后，工作单等单据应由专人妥善存放，并及时归档。

任务二　单相电能表检验方法

【教学目标】

知识目标

（1）熟悉作业前准备工作的相关内容。

（2）熟悉电能表现场校验仪的作用。

能力目标

（1）具有计量装置检查能力。

（2）具有单相电能表现场检测能力。

态度目标

（1）自主学习，独立思考。

（2）学习过程中遇到问题，分析分问题并解决问题。

（3）有团队精神，能与小组成员协商交流，共同完成任务。

（4）严格遵守安全规范，爱岗敬业。

一、电能表现场校验仪的用途

电能表现场校验仪（现校仪）是一种用于现场校验电能表的装置，能在实际用电负荷状态下，对运行中电能表实施在线检查和测试。电能表现场校验仪通过比对被校验的电能表和标准电能表的测量结果来确定电能表的准确性。标准电能表是经过校准和验证的电能表，其测量结果被认为是准确的。电能表现场校验仪操作方便，不仅能测量电能表的基本误差，还能对电能计量装置的接线进行检查，只要按仪器上的标志接好线，就可自动显示被测电能表中各元件的电压、电流、功率及相量图等信息，应用广泛。

二、电能表现场校验仪的组成

电能表现场校验仪是标准电能表与相位分析软件的结合，按结构可分为单相电能表现场校验仪和三相电能表现场校验仪。

不同品牌的电能表现场校验仪的结构组成会有所差别，但通常由以下几个部分组成。

（1）电压输入部分：用于连接被校验的电能表，采集电能表的电压信号。

（2）电流输入部分：用于连接被校验的电能表，采集电能表的电流信号。

（3）电压传感器：将采集到的电压信号转换为数字信号，并传输给微处理器。

（4）电流传感器：将采集到的电流信号转换为数字信号，并传输给微处理器。

（5）微处理器：对数字信号进行处理，计算电能表的误差，并将结果显示在屏幕上。

（6）显示部分：用于显示电能表的误差结果及信息。

（7）通信接口：用于与计算机或设备进行通信。

（8）电源部分：为电能表现场校验仪提供电源。

【实训操作】单相电能表现场检验

一、所需的工器具及材料

（1）安全防护：低压验电笔、安全帽、棉纱手套等。

（2）工器具：单相现场校验仪、螺丝刀、验电笔等。

（3）检测场地与材料：低压计量模拟装置，单相电能表（电流规格 5（60）A、电压规格 220V），封印。

（4）打印好的空白低压工作票。

二、具体操作步骤

1. 测试前检查

使用前仔细阅读使用说明书，仪表应在使用有效期内，检查配件是否齐全完好，测试导线导电性能是否良好，测试导线之间绝缘是否良好，电流钳口应清洁无污物。

2. 预热

打开电源，将仪表预热 3~5min 以保证测量精度。

3. 接线

先接仪表端，再接被校电能表端。

（1）第一步：现场校验仪端接线。

1）电压测试线对应口插入单相现校仪电压测试线插孔，红色插入 U+，黑色插入 U-；另一端电压线接到被校电能表的电压进线端，红线接 220V 的火线，黑线接 220V 的零线，请勿接错。

2）钳形电流互感器对应口接入单相现校仪钳表，如图 3.3 所示。

3）脉冲采样线一头接在单相现校仪脉冲口。

（2）第二步：被测电能表接线。

1）电压线接到被校电能表的电压进线端，红线接 220V 的火线，黑线接 220V 的零线，请勿接错。

2）电流测试线钳型互感器夹到电表的出线上，如图 3.4 所示。

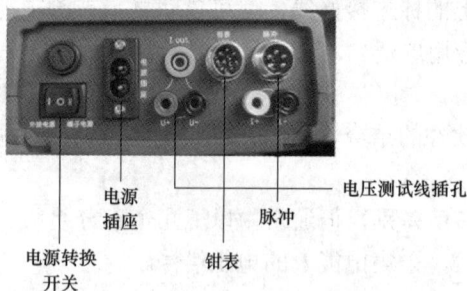

图 3.3　现校仪端接线

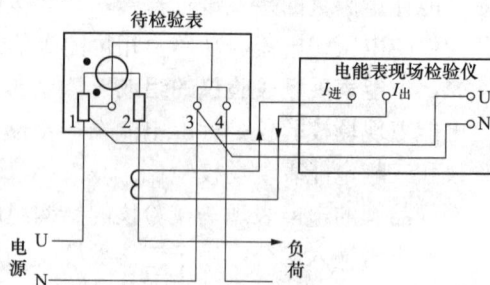

图 3.4　单相电能表现场检验接线图

3）脉冲采样线另一头取电表的脉冲信号。

4. 参数设置

校验电能表前需正确设置参数。单相现校仪加电后，液晶显示器显示"光电和手动"，默认为"光电""有功和无功""默认为有功"，电能表等级初始值为 2 级，钳表初始值为 100A，电表常数初始值为 1200，"圈数"初始值为 1，如图 3.5 所示。

（1）设置钳形电流互感器对应的电流。根据被测对象电流大小选择钳表电流大小，如图 3.6 所示。

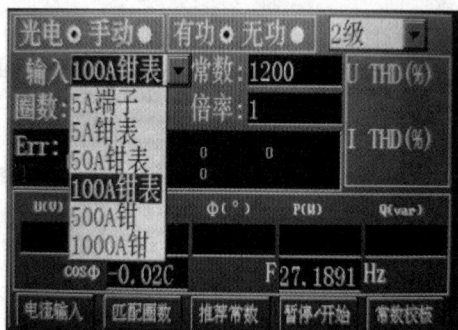

图 3.5　开机的初始界面

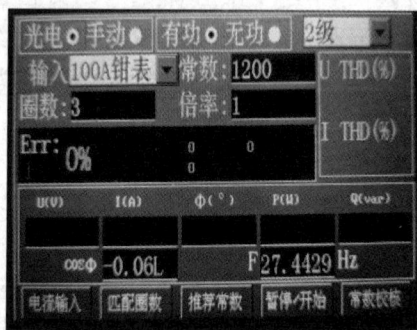

图 3.6　选择钳表电流大小

（2）设置常数。设置与被检电能表常数相同。选择电能表对应电能表常数或按"设置"键，电表常数闪烁显示，按数字键置入被校表的电表常数并确定保持。

（3）设置校验圈数。通过按键，选择输入校验圈数，根据被校电能表负荷大小设置圈数，一般为 3～10 圈。

（4）设置准确度等级。设置与被检电能表相同的准确度等级，如图 3.7 所示。

5．电能表误差测试

（1）现校仪开始进行电能表误差检测。

（2）待稳定后读取 3 次误差数据并记录。

6．拆线

其顺序是表尾端的脉冲线→钳型互感器→表尾电压线→现校仪的脉冲线→现校仪的电流测试线→现校仪的电压测试线→关机→外接电源线。

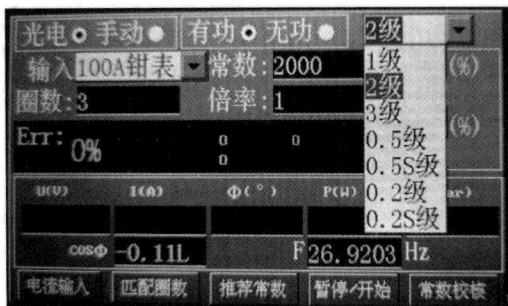

图 3.7　电能表准确度等级的选项

三、注意事项

（1）测试仪的"火"端插电压线中的红线，"零"端插电压线中的黑线接线时，必须先加电压，后加电流；拆线时，必须先取下钳型互感器，再断电压。请切记不要将脉冲采样线接在火线或零线上，以免烧坏测试仪。

（2）在夹钳型互感器时，一定要让电流线从钳型互感器的圆孔中穿过，钳口要合严，不要将线夹到钳口上，以免影响测量精度。

（3）钳型互感器表面要干净，钳口要保持清洁，以免造成测试仪性能下降，导致测量不准。当误差显著增大或使用三个月以上时，应用绸布或擦镜纸把钳型互感器的钳口擦干净后再用。

（4）测试仪测量电压为 176～300V，电流为 0～120A，若超过此范围请不要使用，否则会影响精度，甚至损坏测试仪。

（5）测试仪按键采用轻触薄膜按键，应防止用锐器或指甲按压。

（6）应注意防水、防潮，存放于干燥处。

四、评分表

单相电能表现场检验评分标准如表 3.1 所示。

表 3.1　　　　　　　　　　　单相电能表现场检验评分标准

单相电能表现场检验					
姓名				学号	
序号	评分类别	质量要求	配分	评分标准	得分
1	着装、工器具及材料准备要求	1．戴安全帽、穿工作服及绝缘鞋	10	未戴安全帽、未穿工作服及绝缘鞋不得进入实训场地，每样扣 3 分	
		2．所有工器具、材料准备齐全		工器具不齐全，每样扣 3 分	
		3．正确使用各种工器具，不发生掉落及损坏现象		工器具使用不正确，发生掉落及损坏现象，量程使用不当等，每样扣 3 分	
2	验电	1．工作前、后均视为验电（器）笔良好；	10	验电前触摸到柜体金属部分，未使用验电笔（器）对柜体金属部分进行验电或戴手套验电，每样扣 5 分	
		2．使用验电笔（器）对柜体金属部分进行验电			
3	电能表检查	对被检电能表进行检查	20	对电能表异常情况进行检查，遗漏每项扣 2 分	

续表

序号	评分类别	质量要求	配分	评分标准	得分
4	仪表、工具使用	正确使用仪表、工具	20	仪器、仪表使用不当（包含仪表端接线，开机等顺序），每处扣3分	
				出现仪表掉落，扣20分	
				工器具的绝缘措施不符合要求，每样扣3分	
				操作过程中工器具、端钮盒盖等每掉落一次扣2分	
5	误差校验	1. 参数设置	40	参数设置错误，每处扣2分，脉冲数设置不合理扣1分	
		2. 电表端接线		表尾接线顺序及接线位置应正确，每样不正确扣1分	
		3. 拆线		拆线顺序错误，每根每次扣2分	
6	考试时间要求	在规定时间内完成		在规定时间内完成不扣分，每超过5min（含5min之内），从总分中倒扣3分	
7	其他要求	工作结束后，应清理工作现场，满足安全、文明生产要求		未清理现场，从总分倒扣5分，违反安全及文明生产规定，从总分倒扣10分	
总分					

任务三　测量数值修约规则

【教学目标】

知识目标

（1）熟练数据修约规则。

（2）掌握测量数据通用修约方法。

能力目标

（1）掌握通用的修约方法。

（2）能根据不同的修约间隔，对测量数值修约。

态度目标

（1）自主学习，独立思考。

（2）学习过程中遇到问题，分析分问题并解决问题。

（3）有团队精神，能与小组成员协商交流，共同完成任务。

（4）严格遵守安全规范，爱岗敬业。

一、术语和定义

1. 数值修约

数值修约是指在进行具体的数字运算前，通过省略原数值的最后若干位数字，调整保留的末位数字，使最后所得到的值最接近原数值的过程。

2. 修约间隔

修约间隔是指修约值的最小数值单位。修约间隔是指修约间隔的数值一经确定，修约值即为该数值的整数倍。

例如，若指定修约间隔为 0.1，修约值应在 0.1 的整数倍中选取，相当于将数值修约到一位小数。若指定修约间隔为 100，修约值应在 100 的整数倍中选取，相当于将数值修约到"百"数位。

3. 极限数值

极限数值是指标准（或技术规范）中规定考核的以数量形式给出且符合该标准（或技术规范）要求的指标数值范围的界限值。

二、数值修约规则

指导数字修约的具体规则被称为数值修约规则。

1. 确定修约间隔（指定数位）

（1）指定修约间隔为 10^{-n}（n 为正整数），或指明将数值修约到 n 位小数。

（2）指定修约间隔为 1，或指明将数值修约到"个"数位。

（3）指定修约间隔为 $10n$（n 为正整数），或指明将数值修约到 $10n$ 数位，或指明将数值修约到"十""百""千"……数位。

2. 进舍规则

（1）保留位右边第一位数字小于 5 时，则舍去，即保留位数字不变。

例如：将 12.1498 修约到一位小数，得 12.1；将 12.1498 修约到个数位，得 12。

（2）保留位的右边第一位数字大于 5，则进一，即保留位数字加 1。

例如：将 1268 修约到"百"数位，得 13×10^2（特定场合可写成为 1300）。

又如：将 10.502 修约到个数位，得 11。

注意：示例中"特定场合"系指修约间隔明确时。

（3）保留位数字右边第一位数字为 5，且其后有非 0 数字时进一，即保留位数字加 1；若其后无数字或皆为 0 时，则保留位数字为奇数（1，3，5，7，9）则进一，即保留位数字加 1，保留位数字为偶数（2，4，6，8，0）则舍去。

3. 不许连续修约

（1）拟修约数字应在确定修约间隔或指定修约数位后一次修约获得结果，不得多次按规则连续修约。

（2）负数修约时，先将它的绝对值按规定进行修约，然后在所得值前加负号。

4. 修约间隔为 0.1

保留位右边的数字对保留位的数字来说，若大于 0.5，保留位加 1；若小于 0.5，保留位不变；若等于 0.5，保留位是偶数（如 0，2，4.6，8）时不变，是奇数（如 1，3，5，7，9）时保留位加 1。

例如：0.7501，由于保留位 7 后的 0.501 大于 0.5 所以保留位加 1，故 0.7501→0.8；0.6499，由于保留位 6 后的 0.499 小于 0.5 所以保留位不变，故 0.6499→0.6；0.3500，由于保留位 3 后的 0.500 等于 0.5 且保留位 3 是奇数，所以保留位加 1，故 0.3500→0.4；0.450，由于保留位 4 后的 0.50 等于 0.5 且保留位 4 是偶数，所以保留位不变，故 0.450→0.4。

5. 修约间隔为 0.05

将测得的每次相对误差的平均值，除以修约间隔数，所得之商按数据修约规则修约，修约后的数字乘以修约间隔数，所得乘积即为最终结果。

0.5 级电能表相对误差的修约间隔为 0.05，表明相对误差只保留到小数点后第 2 位且为 5 的整数倍（如 0 或 5）。

例如：0.525，先 0.525÷5=0.105，再根据 0.105 得知保留位 0 后的 0.5 等于 0.5 且保留位 0 是偶数，所以保留位不变，故 0.105→0.10，所以 0.10×5=0.50；0.4299，先 0.4299÷5=0.08598，再根据 0.08598 得知保留位 8 后的 0.598 大于 0.5，所以保留位加 1，故 0.08598→0.09，所以 0.09×5=0.45；0.375，先 0.375÷5=0.0750，再根据 0.0750 得知保留位 7 后的 0.50 等于 0.5 且保留位 7 是奇数，所以保留位加 1，故 0.0750→0.08，所以 0.08×5=0.40。

0.5 级电能表数据修约规则如下。

（1）保留位与其右边的数组和，若小于或等于 25，保留位变为零，从例子 0.525 可以看出保留位 2 与右边 5 的数组合为 25，等于 25 故保留位 2 变为 0。

（2）若大于 25 而小于 75，保留位变成 5。从例子 0.4299 可以看出保留位 2 与右边 99 的数组合为 29.9，大于 25 而小于 75 故保留位 2 变为 5。

（3）若等于或大于 75，保留位变成零而保留位左边那位加 1。从例子 0.375 可以看出保留位 7 与右边 5 的数组合为 75，等于 75 故保留位 7 变为 0 且保留位 7 左边 3 那位加 1 变成 4。

6. 修约间隔为 0.2

2.0 级电能表相对误差的修约间距为 0.2，表明相对误差只保留到小数点后第 1 位且为 2 的整数倍（如 0，2，4，6，8）。

例如：若测量的相对误差的平均值为 2.101，先 2.101÷2=1.0505，再根据 1.0505 得知保留位 0 后的 0.505 大于 0.5 且保留位 0 是偶数，所以保留位加 1，故 1.0505→1.1，所以 1.1×2=2.2；若测量的相对误差的平均值为 1.201，先 1.201÷2=0.6005，再根据 0.6005 得知保留位 6 后的 0.005 大小于 0.5，所以保留位不变，故 0.6005→0.6，所以 0.6×2=1.2；若测量的相对误差的平均值为 1.400，先 1.400÷2=0.700，再根据 0.700 得知保留位 7 后的 0.00 小于 0.5，所以保留位不变，故 0.700→0.7，所以 0.7×2=1.4；若测量的相对误差的平均值为 0.300，先 0.300÷2=0.150，再根据 0.150 得知保留位 1 后的 0.50 等于 0.5 且保留位 1 为奇数不变，所以保留位加 1 故 0.150→0.2，所以 0.2×2=0.4。

2.0 级电能表数据修约规则如下。

（1）若保留位右边不为零，保留位是奇数时加 1，保留位是偶数时不变。

（2）若保留位右边全为零，保留位是偶数时不变，保留位是奇数时，将这奇数与其左边的那位数组成的两位数（不计小数点）变成与这两位数最接近的数且为 4 的整数倍。

【实训操作】测量数值修约规则

一、所需的工器具及材料

工器具：笔、纸、计算器等。

二、具体操作步骤

分别把 1.550、1.300、1.500、2.410、1.741、1.614、1.275、2.525、2.081、2.150 按修约间隔为 0.05、0.1、0.2、1 进行修约。

三、评分表

测量数值修约规则评分标准如表 3.2 所示。

表 3.2 测量数值修约规则评分标准

项目	测量数值修约规则			姓名：	学号：	
序号	评分类别	质量要求	配分	评分标准		得分
1	修约间隔 0.05	1.550、1.300、1.500、2.410、1.741、1.614、1.275、2.525、2.081、2.150	25	修约结果错误，每个扣 2.5 分		
2	修约间隔 0.1	1.550、1.300、1.500、2.410、1.741、1.614、1.275、2.525、2.081、2.150	25	修约结果错误，每个扣 2.5 分		
3	修约间隔 0.2	1.550、1.300、1.500、2.410、1.741、1.614、1.275、2.525、2.081、2.150	25	修约结果错误，每个扣 2.5 分		
4	修约间隔 1	1.550、1.300、1.500、2.410、1.741、1.614、1.275、2.525、2.081、2.150	25	修约结果错误，每个扣 2.5 分		
5	其他要求	书写工整、无涂改		书写不工整，从总分倒扣 5 分，每涂改一处，从总分倒扣 1 分		
总分						

项目三　三相电能表现场检验

任务一　三相四线电能表现场检验

【教学目标】

知识目标

（1）掌握三相现校仪工作原理。

（2）熟悉三相现校仪功能。

能力目标

（1）熟练布置现场检验前的准备工作。

（2）能正确操作三相四线电能表现场校验仪对电能表进行误差测试。

（3）能明确现场检验三相电能表的安全注意事项。

态度目标

（1）自主学习，独立思考。

（2）学习过程中遇到问题，分析分问题并解决问题。

（3）有团队精神，能与小组成员协商交流，共同完成任务。

（4）严格遵守安全规范，爱岗敬业

一、三相电能表现校仪工作原理

三相电能表现场校验仪目前大多采用数字交流采样技术，选用高速 AD 转换芯片和 DSP 高速数字信号处理器，对电能表的测试数据实现全部数字化处理，并将处理后的数据进行计算、显示和存储。

二、三相电能表现场校验仪的主要功能

不同品牌的三相电能表现场校验仪的主要功能会有差别，但一般都具有以下功能。

（1）可显示实时相量图及每相的实时测量波形，方便现场查线，具备自动接线识别功能。

（2）能判断接线错误原因，计算差错电量。

（3）可对谐波进行实时测量及分析，能测量 2～63 次谐波含量和失真度。

（4）具有丰富的操作界面，可测量三相四线和三相三线的电压、电流、频率相位、功率因数、有功功率、无功功率、视在功率等电参数。

（5）既可直接测量输入电流，也可通过钳形电流表不断开接线测量电流。可配四套不同规格的钳形电流表，范围在 1～1000A 内自选（标配 5A，可选 100A、500A、1000 A 钳形电流表），四套钳形电流表具有独立的校准系数，可分开独立校准。

三、三相现校仪的正确使用

以 CL3121 三相电能表现场校验仪为三相现校仪的使用操作步骤流程，面板布置图如图 3.8 所示。

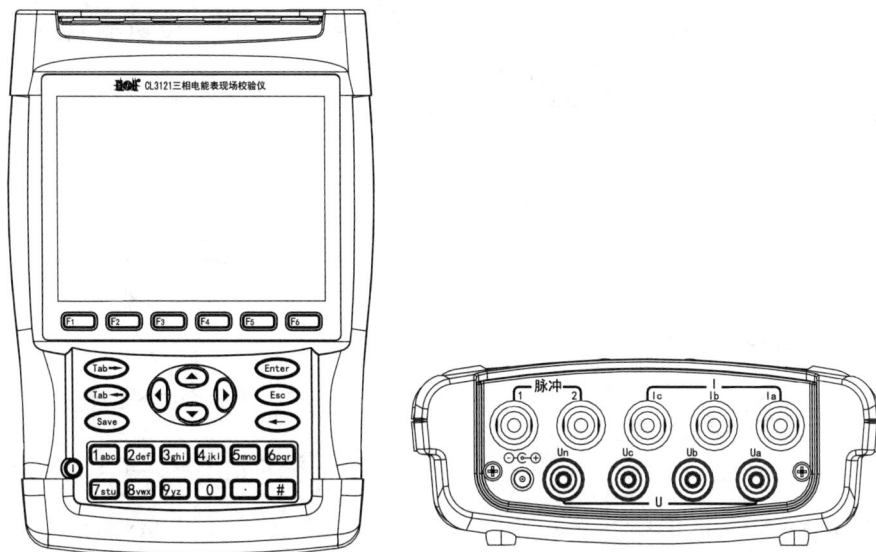

图 3.8　面板布置图

1. 连接测量线

（1）用外接电源线对应口插入三相现校仪电源插座，另一端接入外接电源口。

（2）若测试三相四线电能表，电压测试线对应口插入三相现校仪电压测试线插孔，黄色插入 Uu，绿色插入 Uv，红色插入 Uw，黑色插入 Un；另一端电压线分别接到被校电能表的电压端，黄线接 u 相，绿线接 v 相，红线接 w 相，黑线接零线，请勿接错。

（3）若测试三相三线电能表，电压测试线对应口插入三相现校仪电压测试线插孔，黄色插入 Uu，绿色插入 Uv，红色插入 Uw；另一端电压线分别接到被校电能表的电压端，黄线接 u 相，绿线接 v 相，红线接 w 相，请勿接错。

（4）若测试三相四线电能表，钳形电流互感器对应口接入三相现校仪电流测试线插孔，黄色插入 Iu，绿色插入 Iv，红色插入 Iw，这里要注意钳形电流互感器标配为 5A，选配有 100A 和 500A 两种规格，所以选用钳形电流互感器时要了解被测电能表电流的大小；另一端钳形互感器分别对应夹到电表的 Iu、Iv、Iw 电流出线上。

（5）若测试三相三线电能表，钳形电流互感器对应口接入三相现校仪电流测试线插孔，黄色插入 Iu，红色插入 Iw，这里要选 5A 钳形电流互感器；另一端钳形互感器分别对应夹到电表的 Iu、Iw 电流出线上。

（6）脉冲采样线一头接在三相现校仪脉冲口（1 或 2），另一头黄夹和黑夹分别取电表的 19 端和 21 端。

1）脉冲口引脚定义，如图 3.9 所示。

第一脚（PIN1）：脉冲输入。

第二脚（PIN2）：脉冲输出。

第三脚（PIN3）：对外供电电源（+5V）。

注意：+5V 电源为 CL3121 对光耦等外部设备供电电源。

第四脚（PIN4）：未用。

第五脚（PIN5）：地。

2）脉冲线可通用于脉冲输入与脉冲输出，鳄鱼夹端口，如图 3.10 所示。

红夹：对应脉冲端口脚 3，为"电源端+5V"。

黄夹：对应脉冲端口脚 1，为"脉冲输入端"。

绿夹：对应脉冲端口脚 2，为"脉冲输出端"。

黑夹：对应脉冲端口脚 5，为"地端"。

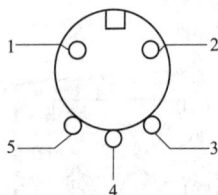

图 3.9　脉冲口引脚定义

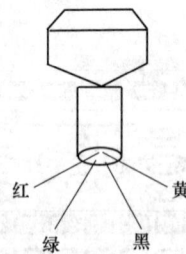

图 3.10　鳄鱼夹端口

2. 参数设置

（1）检验电能表前需正确设置参数。三相现校仪加电后，液晶显示器首先显示的是电能表误差快捷界面，如图 3.11 所示。

（2）按 ESC 键进入主菜单界面，如图 3.12 所示。

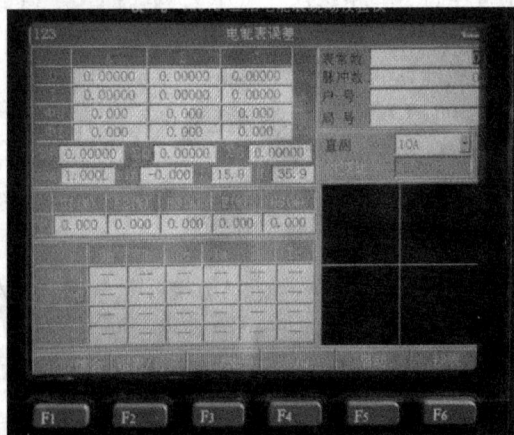

图 3.11　电能表误差快捷界面

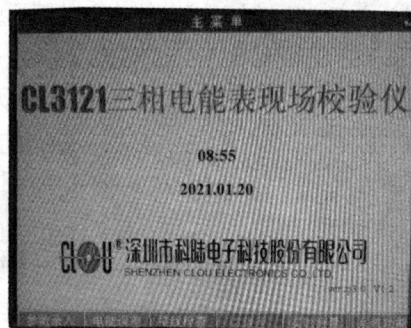

图 3.12　主菜单界面

（3）按 F2 键，进入电能表误差界面，该界面默认为三相四线表的类型，如图 3.13 所示。

（4）若测试表为三相三线，按 F3 进入三相三线电能表误差界面，如图 3.14 所示。

（5）通过移动光标，选择有功电能表常数编辑框，根据被测电能表的常数进行设置，同理脉冲数和钳表也一样。

四、注意事项

（1）现校仪使用时先开机预热，且在预热时选择好所要检验电能表的类型（即三相三线有功电能表、三相四线有功电能表），然后再接入电压、电流进行正常检验。

（2）必须先加电压，后加电流；拆线时，必须先取下钳型互感器，再断电压。请切记不要将脉冲采样线接在火线或零线上，以免烧坏测试仪。

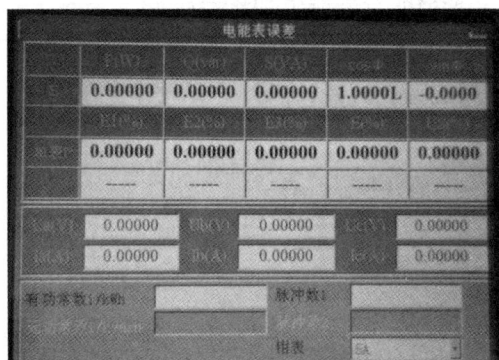

图 3.13 三相四线有功电能表误差界面

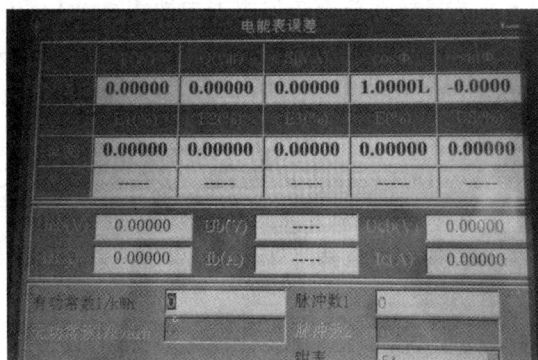

图 3.14 三相三线有功电能表误差界面

（3）在夹钳型互感器时，一定要让电流线从钳型互感器的圆孔中穿过，钳口要合严，不要将线夹到钳口上，以免影响测量精度。

（4）钳型互感器表面要干净，钳口要保持清洁，以免造成测试仪性能下降，导致测量不准。当误差显著增大或使用三个月以上时，应用绸布或擦镜纸把钳型互感器的钳口擦干净后再用。

（5）测试仪测量电压为 176～300V，电流为 0～120A，若超过此范围请不要使用，否则会影响精度，甚至损坏测试仪。

（6）测试仪按键采用轻触薄膜按键，应防止用锐器或指甲按压。

（7）应注意防水、防潮，存放于干燥处。

（8）钳形互感器使用过程中要轻拿轻放，禁止剧烈碰撞。

（9）用完后将钳形互感器装入保护袋中，以防止尘土进入接触面影响精度。

【实训操作】三相四线电能表现场检验

一、所需的工器具及材料

（1）安全防护：低压验电笔、安全帽、棉纱手套、护目镜等。

（2）工器具：三相现场校验仪、螺丝刀、验电笔等。

（3）检测场地与材料：低压计量模拟装置，三相电能表（电流规格 3×1.5（6）A、电压规格 3×220/380V），封印。

（4）打印好的空白低压工作票。

二、实训内容和步骤

1. 操作前安全措施

（1）开具低压工作票。学生规范着装后进入实训室，确定操作工位，模拟工作现场，老师给定工作票填写信息，学生按照低压工作票填写要求，现场填写三相四线电能表现场校验的具体安全措施、工作开始与结束时间、工作班成员、补充安全措施等内容。

（2）履行工作许可手续。学生采取口述的方式，以现场老师作为安全工作许可人，模拟现场工作许可，现场老师当面许可后方可进行下一步工作。

（3）进行三步式验电。学生必须在现场指导老师的监视下规范验电。

2. 现校仪接线

将外接电源线对应口插入三相现校仪电源插座，另一端接入外接电源口或用现校仪内置电源（这里要注意现校仪内置电池应充足），开机并按说明书的要求预热 5min。

在确保柜体不带电时，再开柜门，放置好现校仪。

（1）电压测试线对应口插入三相现校仪电压测试线插孔，黄色插入 Uu，绿色插入 Uv，红色插入 Uw，黑色插入 Un。

（2）钳形电流互感器对应口接入三相现校仪电流测试线插孔，黄色插入 Iu，绿色插入 Iv，红色插入 Iw。

（3）脉冲采样线一头接在三相现校仪脉冲口（1 或 2）。

3. 被测电能表接线

（1）电压线分别接到被校电能表的电压端，黄线夹 u 相，绿线夹 v 相，红线夹 w 相，黑线夹零线。

（2）钳型互感器黄绿红三个钳表分别对应夹到电表的 Iu、Iv、Iw 电流出线上，直接接入式三相四线电能表现场接线图如图 3.15 所示，经互感器接入式三相四线电能表现场检验接线图如图 3.16 所示，采用串校方式接线。

（3）脉冲采样线另一头黄夹和黑夹分别取被测电能表的 19 端和 21 端。

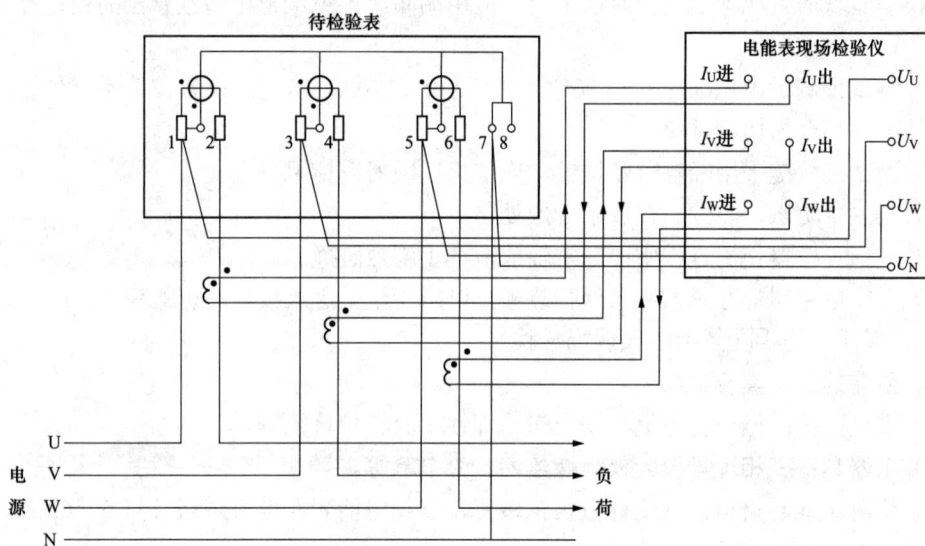

图 3.15　直接接入式三相四线电能表现场接线图

4. 参数设置

（1）检验电能表前需正确设置参数。三相现校仪开机后，液晶显示器首先显示的是电能表误差快捷界面。

（2）按 F2 软键由默认的直测选择为钳表。

（3）通过 Tab→软键移动光标，选择有功电能表常数编辑框，根据被测电能表的常数进行设置。

（4）继续按 Tab→软键移动光标，移动光标移位到脉冲数，根据被测数，一般为 5～10 脉冲。

（5）再按 Tab→软键移动光标，移动光标移位到钳表电流选项，通过上下键选择 5A。

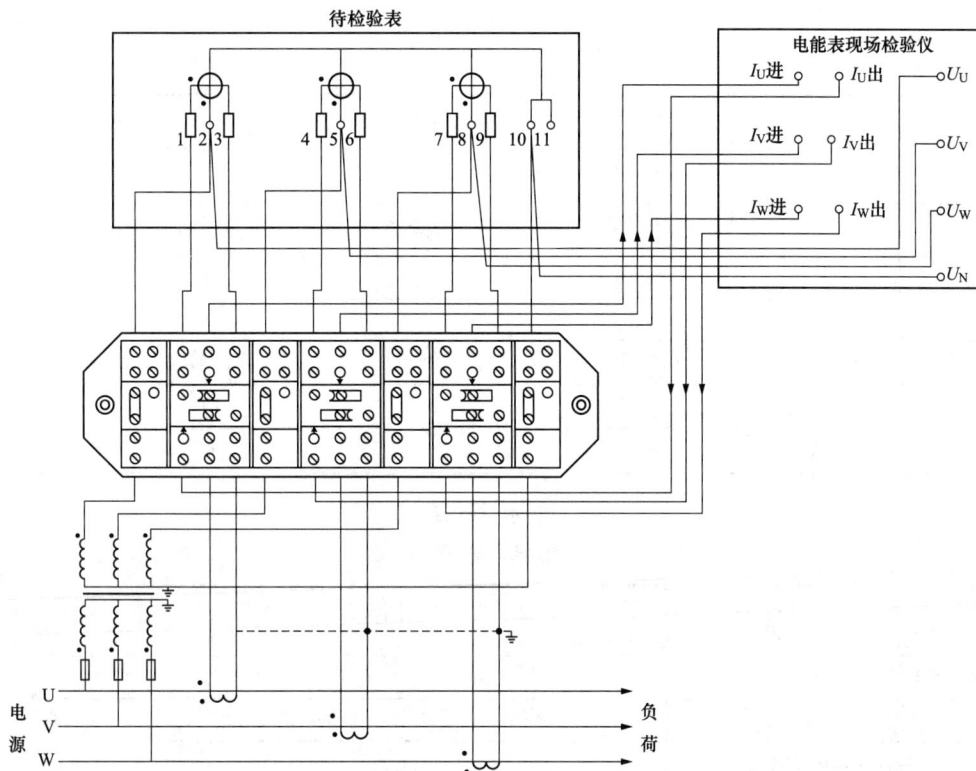

图 3.16　经互感器接入式三相四线电能表现场检验接线图

5. 电能表误差测试

（1）按 F5 软键，现校仪开始进行电能表误差检测，检测后应将相关数据填入表 3.3 中相应位置。

（2）读取 3 次误差数据和平均误差。

表 3.3　　　　　　　　　　　三相智能电能表现场检验记录单

三相智能电能表现场检验原始记录

检验地址（用户地址）：　　　　　　　　　　　　　　　记录编号：

测试标准：

型　　　号：　　　　　　　　　　　等　　　级：

生产厂家：　　　　　　　　　　　　编　　　号：

被试表名称：

型号	有功准确度等级	规格（电压、电流）	有功常数（imp/kW·h）
编号	制造厂家	环境温度/℃	环境湿度（RH）
旧封号	口述	新封号	口述

测试结果：

$U_{\mathrm{u}}/U_{\mathrm{uv}}$ /V		I_{u} /A		ϕ_1 / (°)		功率/W	
U_{v}/V		I_{v} /A		ϕ_2 / (°)		$\cos\phi$	
$U_{\mathrm{w}}/U_{\mathrm{wv}}$ /V		I_{w} /A		ϕ_3 / (°)		频率（Hz）	
相对误差/%	r_1		r_2		r_3		$\bar{r}$
	二次回路接线检查：	正确 □			不正确 □		
	不合理计量方式检查：	无 □			有 □		
	计量差错检查：	无 □			有 □		

技 术 报 告

检 测 结 果

所依据的技术文件（代号、名称）：

电能计量装置技术管理规程　　　　DL/T 448—2016

检测所使用的主要设备：

名　称	型号/规格	不确定度/准确度等级	证书编号
三相电能表现场校验仪			

检测地点、日期及其环境条件：

地点：　　　　　　　　　　　　　　日　期：　　　年　月　日

温度：　　℃　　　　　　　　　　　相对湿度：　　% RH

其他：　　/

检验地址（用户地址）：

型号：　　　　　　　　有功准确度等级：　　　　　　有功常数：

表号：　　　　　　　　电压电流规格：　　　　　　　制造厂：

测试条件：

$U_{\mathrm{u}}=$　　　V　　　　$U_{\mathrm{v}}=$　　　V　　　$U_{\mathrm{w}}=$　　　　V

$I_{\mathrm{u}}=$　　　A　　　　$I_{\mathrm{v}}=$　　　A　　　$I_{\mathrm{w}}=$　　　　A

$\cos\phi=$

测试结果：　　　　　　%

结论：

6. 拆线

其顺序是表尾端的脉冲线→钳型互感器→表尾电压线→现校仪的脉冲线→现校仪的电流测试线→现校仪的电压测试线→关机→外接电源线（若用外接电源）。

7. 操作结束

（1）操作结束后，整理工具包，清理现场，关好柜门，确保现场恢复原状。

（2）在工作票上填写现场操作结束时间，终结工作票，报告操作结束。

三、评分表

三相四线电能表现场检验评分标准如表 3.4 所示。

表 3.4　　　　　　　　　三相四线电能表现场检验评分标准

三相四线电能表现场检验					
姓名			学号		
序号	评分类别	质量要求	配分	评分标准	得分
1	着装、工器具及材料准备要求	1. 戴安全帽、穿工作服及绝缘鞋	10	未戴安全帽、未穿工作服及绝缘鞋不得进入实训场地，每样扣 3 分	
		2. 所有工器具、材料准备齐全		工器具不齐全，每样扣 3 分	
		3. 正确使用各种工器具，不发生掉落及损坏现象		工器具使用不正确，发生掉落及损坏现象，量程使用不当等，每样扣 3 分	
2	验电	1. 工作前、后均视为验电（器）笔良好；	10	验电前触摸到柜体金属部分，未使用验电笔（器）对柜体金属部分进行验电或戴手套验电，每样扣 5 分	
		2. 使用验电笔（器）对柜体金属部分进行验电			
3	电能表检查	对被检电能表进行检查	20	对电能表异常情况进行检查，遗漏每项扣 2 分	
4	仪表、工具使用	正确使用仪表、工具	20	仪器、仪表使用不当（包含仪表端接线，开机等顺序），每处扣 3 分	
				出现仪表掉落，扣 20 分	
				工器具的绝缘措施不符合要求，每样扣 3 分	
				操作过程中工器具、端钮盒盖等每掉落一次扣 2 分	
5	误差检验	1. 参数设置	40	参数设置错误，每处扣 2 分，脉冲数设置不合理扣 1 分	
		2. 电表端接线		表尾接线顺序及接线位置应正确，每样不正确扣 1 分	
		3. 填写记录		填写不规范，每处扣 1 分	
		4. 拆线		拆线顺序错误，每根每次扣 2 分	
6	考试时间要求	在规定时间内完成		在规定时间内完成不扣分，每超过 5min（含 5min 之内），从总分中倒扣 3 分	
7	其他要求	工作结束后，应清理工作现场，满足安全、文明生产要求		未清理现场，从总分倒扣 5 分，违反安全及文明生产规定，从总分倒扣 10 分	
总分					

任务二　三相三线电能表现场检验

【教学目标】

知识目标

（1）掌握三相现校仪工作原理。

（2）熟悉三相现校仪功能。

能力目标

（1）熟练布置现场检验前的准备工作。

（2）能正确操作三相三线电能表现场校验仪对电能表进行误差测试。

（3）能明确现场检验三相电能表的安全注意事项。

态度目标

（1）自主学习，独立思考。

（2）学习过程中遇到问题，分析分问题并解决问题。

（3）有团队精神，能与小组成员协商交流，共同完成任务。

（4）严格遵守安全规范，爱岗敬业。

一、作业前准备工作

（1）先检查着装、安全帽佩戴是否正确、规范。

（2）其次检查现校仪是否良好。

（3）最后要做好现场安全措施。依据工作任务填写工作票。办理工作票签发手续。工作票签发人对工作的必要性和安全性、工作票上安全措施的正确性、所安排工作负责人和工作人员是否合适等内容负责。使用验电笔对计量柜（箱、屏）金属裸露部分进行验电，并检查计量柜（箱、屏）接地是否可靠。

二、危险点分析及控制措施

电能表现场实负荷（在线）检验需要带电进行作业，安全工作要求主要参照《国家电网公司电力安全工作规程》执行。为了防止在接通和断开试验接线盒电流端子时电流互感器二次开路，必须用现校仪进行监视。为了防止电压互感器二次短路和接地，在接入电压测试线前必须检查测试线绝缘状况，使用线夹时注意不要造成短路，不得用手触碰金属部分。另外，还需注意以下几点。

（1）对电能表金属箱体接地检查并验电，防止设备外壳带电。

（2）应将现场未经验电设备视为带电设备，并与设备保持安全距离。

（3）进入现场工作，至少由两人进行。

（4）工作人员应正确使用合格的安全工器具和个人劳动防护用品。

（5）进入现场应保持与带电设备的安全距离，不小于安全工作规程规定的距离。

（6）严禁工作人员未履行工作许可手续擅自开启电气设备柜门或操作电气设备。

（7）严禁在未采取任何监护措施和保护措施情况下现场作业。

【实训操作】三相三线电能表现场检验

一、所需的工器具及材料

（1）安全防护：低压验电笔、安全帽、棉纱手套、护目镜等。

（2）工器具：三相现场校验仪、螺丝刀、验电笔等。

（3）检测场地与材料：电能计量柜模拟装置，三相电能表（电流规格 3×1.5（6）A、电压规格 3×100V），封印。

（4）打印好的空白低压工作票。

二、实训内容和步骤

（一）操作前安全措施

（1）开具低压工作票。学生规范着装后进入实训室，确定操作工位，模拟工作现场，老师给定工作票填写信息，学生按照低压工作票填写要求，现场填写三相三线电能表现场校验的具体安全措施、工作开始与结束时间、工作班成员、补充安全措施等内容。

（2）履行工作许可手续。指导老师作为安全工作许可人会同检查现场的安全措施是否已到位，危险点预控措施是否已落实。学生采取口述的方式，老师当面许可后方可进行下一步工作。

（3）进行三步式验电。学生必须严格按照验电要求，在指导老师的监视下完成验电，方可开展下一步工作。

（4）接取临时电源（外接工作电源的检验仪）。接取外接电源前应先验电，用万用表确认电源电压等级和电源类型无误后再接取电源。

（二）计量装置检查

1. 外观检查

（1）电能计量柜应有非许可操作的措施，封印完整，观察窗清洁完好，各计量器具安装、运行环境条件符合要求。

（2）用温湿度计监测现场试验环境温湿度并记录。

2. 拆封

拆除计量柜和被检电能表的封印，并拍照留证。

3. 异常排查

检查现场计量装置是否有违约用电、窃电等现象，如出现以上情况应及时处理。

4. 检查电能表时钟、时段

宜用计量现场作业终端检查电能表时钟是否准确；当时差小于 10min 时，应现场调整准确；当时差大于 10min 时，应查明原因后再行决定是否调整。

5. 检查电能表异常记录、故障等信息

宜用计量现场作业终端检查以下项目。

（1）检查电能表抄表电池状态，当电池电量不足时应现场及时更换（仅适用于可更换电池的电能表）。

（2）检查电能表有无失压、断流等异常记录，有无故障。

（3）出现失压、断流等异常记录和故障时应查明原因，若影响计量应提出相应的退补电量依据，供相关部门参考。

6. 检查校验仪电压、电流试验导线

检查校验仪电压、电流试验导线通断是否良好，绝缘强度是否良好，如有问题应及时更换。

（三）误差测试

1. 接入方式

在现场检验 0.5（S）级及以上等级电能表时，应采取校验仪直接接入方式，校验仪与被检表电流回路串联、电压回路并联。

2. 接入校验仪

（1）校验仪的电流回路，在试验接线盒处接入，要注意电流的进出方向，打开试验接线盒电流连片时，应逐项打开并且用电能表校验仪进行监视。

（2）电压导线在被检表表尾处接入。

3. 接线检查

用校验仪检查计量接线是否正确，当发现接线有误时应根据实际情况填写检查报告，告知客户认可。

4. 计量差错和不合理的计量方式检查

（1）核对电能表铭牌上标示的计量倍率与电能表相连的计量用互感器实际倍率。

（2）用现场校验仪测量工作电压、电流及相位是否正常，三相电压是否基本平衡，若不正常应查明原因。

（3）核对电能表与计量用互感器接线。电能表接在电流互感器计量二次绕组上；电压与电流接在电力变压器同侧；电能表电压回路应接到相应的母线电压互感器二次上。

5. 检查电能表显示的电量值、辅助测量值

（1）电能表的示值应正常，各时段计度器示值电量之和与总计度器示值电量的差值应不大于 $0.01×（n-1）$（n 为费率数），否则应查明原因，及时处理。

（2）电能表显示的功率、电流、电压值应和现场检验仪测量值偏差不大于 1%，否则应查明原因，及时处理。

6. 测定电能表实负荷运行状态下的误差

（1）现校仪接线。将外接电源线对应口插入三相现校仪电源插座，另一端接入外接电源口或用现校仪内置电源（这里要注意现校仪内置电池应充足），开机并按说明书的要求预热 5min。

1）电压测试线对应口插入三相现校仪电压测试线插孔，黄色插入 Uu，绿色插入 Uv，红色插入 Uw。

2）串接电流线对应口接入三相现校仪电流测试线插孔，黄色插入 Iu，红色插入 Iw。

3）脉冲采样线一头接在三相现校仪脉冲口（1 或 2）。

（2）被测电能表接线。

1）电压线分别接到被校电能表的电压端，黄线夹 u 相，绿线夹 v 相，红线夹 w 相。

2）U 相串接电流线进线端接联合接线盒 U 相上部电流空端子，出线接联合接线盒 U 相下部空端子，W 相串接电流线进线端接联合接线盒 W 相上部电流空端子，出线接联合接线盒 W 相下部空端子，分别对应夹到电表的 Iu、Iw 电流出线上，经互感器接入式三相三线电能表现场检验接线图如图 3.17 所示。

3）脉冲采样线另一头黄夹和黑夹分别取被测电能表的 19 端和 21 端。

4）打开联合接线盒电流连片，将电流回路串入电能表现场校验仪。

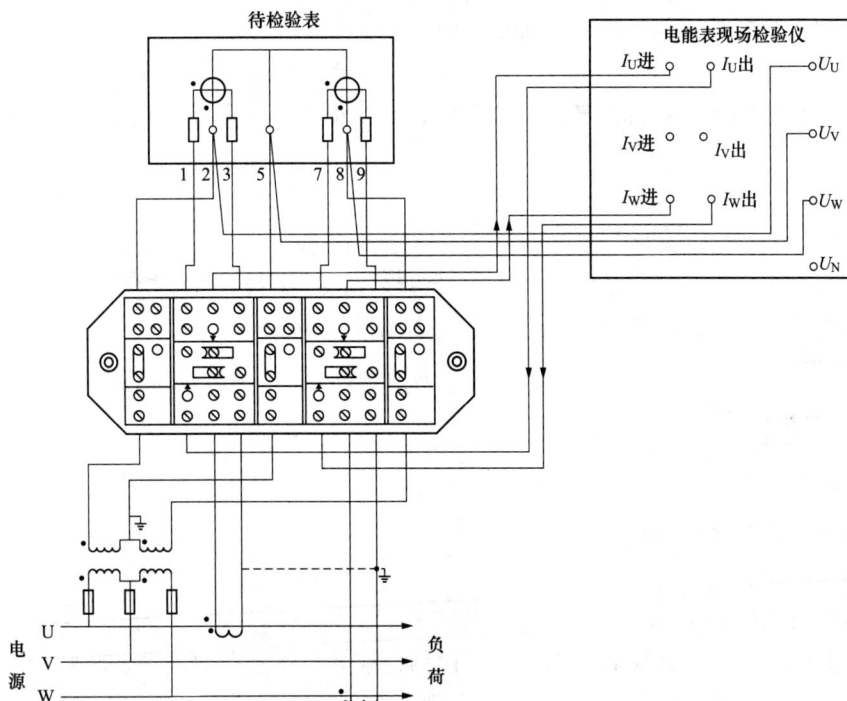

图 3.17 经互感器接入式三相三线电能表现场检验接线图

（3）参数设置。

1）校验电能表前需正确设置参数。三相现校仪开机后，液晶显示器首先显示的是电能表误差快捷界面。

2）按 F2 软键由默认的直测选择为钳表。

3）通过 Tab→软键移动光标，选择有功电能表常数编辑框，根据被测电能表的常数进行设置。

4）继续按 Tab→软键移动光标，移动光标移位到脉冲数，根据被测电能表的电流大小设置脉冲数，一般为 5～10 脉冲。

5）再按 Tab→软键移动光标，移动光标移位到钳表电流选项，通过上下键选择 5A。

（4）电能表误差测试。

1）按 F5 软键，现校仪开始进行电能表误差检测，检测后应把相关数据填入表 3.5 相应位置。

2）读取 3 次误差数据和平均误差。

7. 拆除校验仪接线

（1）恢复试验接线盒内电流连片至检验前状态，电能表检验仪显示的电流值从实测值逐渐减少到零后，拆除校验仪电流接线。

（2）拆除校验仪电压接线，电能表校验仪显示的电压值从实测值全部变为零后，关闭校验仪电源，收纳整理试验导线。

8. 核对功率

检查被检验计量装置接线是否恢复正常，应将电能表显示的功率与实际功率（如控制屏盘表、监视仪表中的功率值）核对，确保一致。

9. 加封

清扫整理检验现场，对拆封部位加装封印，用计量现场作业终端记录封印编号，并拍照留证。

（四）收工

1. 清理现场

（1）拆除临时电源。检查临时接用电源是否拆除，现场是否有遗留物品。

（2）清点设备和工具，并清理现场，做到工完料净场地清。

2. 签字确认

履行签字认可手续。

3. 办理工作票终结

（1）有序离开现场。

（2）办理工作票终结手续。

（五）资料归档

（1）信息录入/上传。

（2）资料归档。工作结束后，工作单、检测记录等应妥善存放，并及时归档。

表 3.5　　　　　　　　　三相智能电能表现场检验记录单

三相智能电能表现场检验原始记录

检验地址（用户地址）：　　　　　　　　记录编号：

测试标准：

型　　号：　　　　　　　　　　等　　级：

生产厂家：　　　　　　　　　　编　　号：

被试表名称：

型号	有功准确度等级	规格（电压、电流）	有功常数 [imp/（kW·h）]
编号	制造厂家	环境温度/℃	环境湿度（RH）
旧封号		新封号	

测试结果：

相对误差（%）				
U_u/U_{uv}/V		I_u/A	ϕ_1/（°）	功率/W
U_v/V		I_v/A	ϕ_2/（°）	$\cos\phi$
U_w/U_{wv}/V		I_w/A	ϕ_3/（°）	频率/Hz
相对误差（%）	r_1	r_2	r_3	$\bar{r}$
二次回路接线检查：	正确 □		不正确 □	
不合理计量方式检查：	无 □		有 □	
计量差错检查：	无 □		有 □	

技 术 报 告
检 测 结 果

所依据的技术文件（代号、名称）：
电能计量装置技术管理规程　　　　　　　DL/T 448—2016

检测所使用的主要设备：			
名　　　称	型号/规格	不确定度/准确度等级	证书编号
三相电能表现场校验仪			******

检测地点、日期及其环境条件：
地点：　　　　　　　　　　　　　　日　　期：　　　　年　月　日
温度：　　　℃　　　　　　　　相对湿度：　　　　% RH
其他：　　　/

检验地址（用户地址）：

型号：　　　　　　　　　有功准确度等级：　　　　　　　有功常数：

表号：　　　　　　　　　电压电流规格：　　　　　　　制造厂：

测试条件：

$U_{uv} =$　　　　V　　　　　　　　　　　$U_{wv} =$　　　　V

$I_u =$　　　　A　　　　　　　　　　　$I_w =$　　　　A

$\cos\phi =$

测试结果：　　　　　　　　%

结论：

三、评分表

三相三线电能表现场检验评分标准如表 3.6 所示。

表 3.6　　　　　　　　　三相三线电能表现场检验评分标准

三相三线电能表现场检验					
姓名			学号		
序号	评分类别	质量要求	配分	评分标准	得分
1	着装、工器具及材料准备要求	1. 戴安全帽、穿工作服及绝缘鞋	10	未戴安全帽、未穿工作服及绝缘鞋不得进入实训场地，每样扣 3 分	
		2. 所有工器具、材料准备齐全		工器具不齐全，每样扣 3 分	
		3. 正确使用各种工器具，不发生掉落及损坏现象		工器具使用不正确，发生掉落及损坏现象，量程使用不当等，每样扣 3 分	
2	验电	1. 工作前、后均视为验电（器）笔良好	10	验电前触摸到柜体金属部分，未使用验电笔（器）对柜体金属部分进行验电或戴手套验电，每样扣 5 分	
		2. 使用验电（器）对柜体金属部分进行验电			

续表

序号	评分类别	质量要求	配分	评分标准	得分
3	电能表检查	对被检电能表进行检查	20	对电能表异常情况进行检查，遗漏每项扣2分	
4	仪表、工具使用	正确使用仪表、工具	20	仪器、仪表使用不当（包含仪表端接线，开机等顺序），每处扣3分	
				出现仪表掉落，扣20分	
				工器具的绝缘措施不符合要求，每样扣3分	
				操作过程中工器具、端钮盒盖等每掉落一次扣2分	
5	误差检验	1. 参数设置	40	参数设置错误，每处扣2分，脉冲数设置不合理扣1分	
		2. 电表端接线		表尾接线顺序及接线位置应正确，每样不正确扣1分	
		3. 填写记录		填写不规范，每处扣1分	
		4. 拆线		拆线顺序错误，每根每次扣2分	
6	考试时间要求	在规定时间内完成		在规定时间内完成不扣分，每超过5min（含5min之内），从总分中倒扣3分	
7	其他要求	工作结束后，应清理工作现场，满足安全、文明生产要求		未清理现场，从总分倒扣5分，违反安全及文明生产规定，从总分倒扣10分	
	总分				

项目四　互感器的现场检验

任务一　电流互感器现场检验

【教学目标】

知识目标

（1）掌握电流互感器误差形成原因。

（2）掌握电流互感器检定点。

（3）掌握电流互感器误差测试方法。

能力目标

（1）熟练开展电流互感器现场检验安全措施布置。

（2）熟练开展电流互感器外观及标志检查。

（3）熟练进行电流互感器基本误差测量接线。

（4）熟练进行电流互感器现场检验结果的处理。

态度目标

（1）自主学习，独立思考。

（2）学习过程中遇到问题，分析分问题并解决问题。

（3）有团队精神，共同讨论，共同完成任务。

（4）遵守安规，爱岗敬业。

一、电流互感器现场检验误差概述

电流互感器是电力系统中很重要的一次设备，是专门用作变换电流的特殊变压器，其工作原理与普通变压器相似，是按电磁感应原理工作的。变压器接在线路上，主要用来改变线路的电压，而电流互感器接在线路上主要用来改变线路的电流。不同用户所接负载大小不一，有的线路只有几安，有的线路却大至几万安，要直接测量这些相差悬殊的电流，就需要根据的电流的大小，制作相应不同的电流表和电气仪表。这就会给仪表生产制造带来极大的困难。此外，输配电线路电压也不相同，要直接用电气仪表测量高压线路上的电流大小，是极其危险的，也是不允许的。

电流互感器利用电磁感应原理，把一次绕组的电流传递到电气上隔离的二次绕组。当一次电流经过互感器的一次绕组时，必须消耗一小部分电流来励磁，励磁就是使铁心有磁性，这样二次绕组才能产生感应电势，也才能有二次电流。如果电流互感器没有误差，一次安匝就等于二次安匝。但是实际上由于互感器铁心要消耗励磁安匝，这个励磁安匝由一次安匝提供，也就是说，在一次安匝中要扣去励磁安匝后，才能传递成为二次安匝，因此，这时二次安匝就不等于一次安匝，电流互感器也就有了误差，这个误差包括比值差和相位差两部分。

电流互感器的误差可用图 3.18（a）等值电路图和图 3.18（b）相量图来分析。

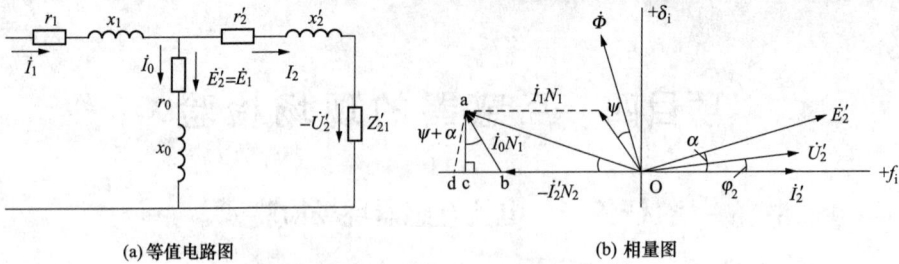

(a) 等值电路图　　　　　　　　　　　(b) 相量图

图 3.18　电流互感器的误差分析

相量图中以二次电流 $\dot{I}_2'$ 为基准，二次电压 $\dot{U}_2'$ 较 $\dot{I}_2'$ 超前 φ_2 角（二次负荷功率因数角），$\dot{E}_2'$ 较 $\dot{I}_2'$ 超前 α 角（二次总阻抗角），铁芯磁通 $\dot{\Phi}$ 较 $\dot{E}_2'$ 超前 90°，励磁磁动势 $\dot{I}_0' N_1$ 较磁通 $\dot{\Phi}$ 超前 ψ 角（铁芯损耗角）。

据磁动势平衡原理

$$\dot{I}_1 N_1 + \dot{I}_2 N_2 = \dot{I}_0 N_1$$

可推得：

$$\dot{I}_1 = \dot{I}_0 - k_i \dot{I}_2 = \dot{I}_0 - \dot{I}_2'$$

比值差简称比差，符号 f_i（单位，%），是二次电流的测量值乘上额定互感比所得的一次电流近似值减去一次电流实际值之差与一次电流实际值的百分数：

$$f_i = \frac{k_i I_2 - I_1}{I_1} \times 100\% \approx \frac{I_2 N_2 - I_1 N_1}{I_1 N_1} \times 100$$

式中　　k_i——电流互感器的额定互感比；

　　　　I_1——一次电流有效值；

　　　　I_2——二次电流有效值。

当 $I_2 N_2 < I_1 N_1$ 时，f_i 为负值；反之，f_i 为正值。

电流互感器的相位误差，又称角差，符号为 δ_i，定义为旋转 180° 的二次电流相量 $-\dot{I}_2'$ 与一次电流相量 $\dot{I}_1$ 之间的夹角。单位为 in，用（′）表示（$1\text{rad} = 180 \times 60/\pi = 3440'$）。由相量图可推导得

$$\delta_i \approx \sin\delta_i = \frac{ac}{oa} = \frac{I_0 N_1}{I_1 N_1} \cos(\Psi + \alpha) \times 3440 \quad (')$$

规定：当 $-\dot{I}_2'$ 超前于 $\dot{I}_1$ 时，δ_i 为正值；反之，δ_i 为负值。

电流互感器的比值差和相位差均需按互感器的准确度等级控制在一定范围内，即要求电流互感器必须满足测控、保护、计量等不同用途的要求。因此需对新装后、运行中的电流互感器开展首次检定、后续检定和使用中检验，确保互感器的变比正确、误差合格。

二、检验项目与要求

现场检定项目按表 3.7 的规定执行。

表 3.7　　　　　　　　　　　　　　现 场 检 定 项 目

检定类别　　　检定项目	首次检定	后续检定	使用中检验
外观及标志检查	+	+	+
绝缘试验	+	+	−

续表

检定类别 检定项目	首次检定	后续检定	使用中检验
绕组极性检查	+	−	−
基本误差测量	+	+	+
稳定性试验	−	+	+
运行变差试验	+	−	−
磁饱和裕度试验	+	−	−

注 ①表中符号"+"表示必检项目,符号"−"表示可不检的项目。②绝缘试验可以采用未超过有效期的交接试验或预防性试验报告的数据。③运行变差试验可以部分或全部采用经检定机构认可的实验室提供的试验报告数据。

1. 直观检查

电力互感器应有清晰的铭牌和极性标志。铭牌上应有接线图或接线方式说明,有互感器型号、技术参数、极性标志、准确度等级、额定绝缘水平、出厂序号、制造年月等明显的标示。互感器的一次和二次接线端子上应有接线符号标志,接地端子上应有接地符合。

2. 绝缘试验

测量绝缘电阻应使用绝缘电阻表,规格为2500V。一次对二次绝缘电阻值应大于1500MΩ,二次绕组之间的绝缘电阻值应大于500MΩ,二次绕组对地绝缘电阻值应大于500MΩ。

工频耐压试验使用频率为50Hz±0.5Hz,失真度不大于5%的正弦波电压。试验电压测量误差不大于3%。试验电压应从零平稳上升,在规定耐压值停留1min,然后平稳下降到接近零。试验时应无异音、异味,无击穿和表面放电,绝缘保持完好,误差无可觉察的变化。一次对二次及地工频耐压试验按出厂试验电压的85%进行(66kV及以上电流互感器除外),二次绕组之间及对地工频耐压试验为2kV。

3. 绕组极性检查

推荐使用互感器校验仪检查绕组的极性。根据互感器的接线标志,采用比较法线路完成测量接线,升流至额定值的5%以下测试,用校验仪的极性指示功能或误差测量功能,核验互感器的极性。

4. 基本误差测试

(1)一般要求。根据被检互感器的变比和准确度等级,按要求选用标准器,使用规定的线路测量误差。测量时可以从最大的百分数开始,也可以从最小的百分数开始,大电流互感器宜在至少一次全量程升降之后读取检定数据。

电流互感器在上限负荷下的检验点为1%(仅对S级)、5%、20%、100%、120%。下限负荷下的检定点为1%(只对S级)、5%、20%、100%。额定一次电流为3kA及以上的大电流互感器在后续检定和使用中检验时,经上级计量行政部门批准,允许把100%和120%的额定一次电流检定点合并为实际运行最大一次电流点。

检定准确度级别为0.1级和0.2级的互感器,检验时读取的比值差保留到0.001%,相位差保留到0.01′。检定准确度为0.5级和1级的互感器,读取的比值差保留到0.01%,相位差保留到0.1′。

（2）使用标准电流互感器的比较法线路。电流互感器误差测量原理接线图如图 3.19 所示，被检电流互感器一次绕组的 P_1 端和标准电流互感器的 L_1 端串接，二次绕组的 S_1 端和标准电流互感器的 K_1 端串接。共用一次绕组的电流互感器二次绕组端子短接并接地。

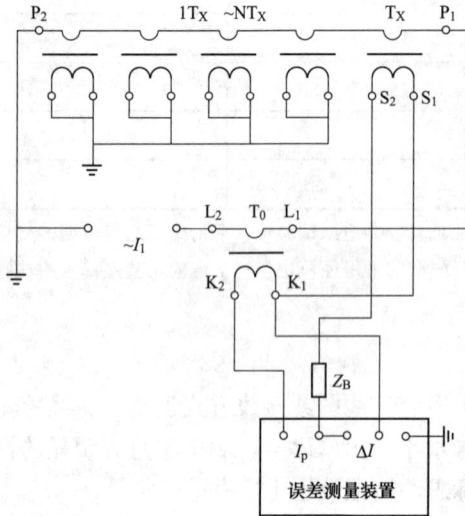

图 3.19　电流互感器误差测量原理接线图

T_0—标准电流互感器；T_x—被检电流互感器；

Z_B—电流负荷箱；$1T_x \sim NT_x$—与被检

电流互感器共用一次绕组的互感器

（3）稳定性试验。电流互感器的稳定性是取上一次检定结果与当前检定结果，分别计算两次检定结果中比值差的差值和相位差的差值。互感器在连续两次检定中，其误差变化不得大于基本误差限值的 2/3。

（4）电流互感器运行变差试验。电流互感器运行变差是指互感器误差受运行环境的影响而发生的变化，可由运行状态引起，比如环境温度、剩磁、邻近效应等。

1）环境温度影响。把被试品置入人工气候室，在技术条件规定的环境温度上下限分别放置 24h，进行误差测量。在条件不具备时，可以利用冬夏自然温度进行试验。在安装地点进行的试验，允许按当地极限环境气温进行。其误差的变化，不得大于基本误差限值的 1/4。

2）剩磁影响。试验时从被试电流互感器的二次绕组通入相当于额定二次电流 10%～15% 的直流电流充磁，持续时间不少于 2s 后进行误差测量。将此误差与退磁状态下测得的误差进行比较，取误差变化量的绝对值作为剩磁影响的测量结果，其误差的变化，不得大于基本误差限值的 1/3。

使用直流电源对电流互感器进行充磁，充磁时，将被试电流互感器一次开路，二次被试计量绕组极性端接直流电源的正极，另外接直流电源的负极，测试回路串联合适的保险或保护电阻，其余二次绕组开路。试验电流在 5～10s 内从零平稳地升到被试电流互感器二次额定电流的 15%～20%，持续 1～2min 后，再以相同速度降到零，反复以上过程 3～5 次。充磁所用的直流电源采用输出电流容量大于 1A 的整流直流电流或蓄电池。

当不具备直流电源时，可采用在电流互感器的二次侧接一个相当于其额定负荷 10～20 倍的可变电阻（考虑足够容量），通以工频电流，将电流从零平滑地升至额定电流值的 120%，再将电流瞬间降至零。

退磁方法应按标牌上标注或技术文件中所规定的退磁方法和要求为宜。

开路退磁法是指在电流互感器二次绕组均开路的情况下，一次绕组通以工频交流电流，将电流从零平滑上升至一次额定电流值的 10%，然后将电流匀速缓慢下降至零。退磁过程中应在电流互感器二次两端接一峰值电压表，当示值超过 2600V 时，则应减小所加电流值。对于多次级的电流互感器，其余铁心的二次线圈此时均应短路，当二次绕组均与同一铁心铰链时，运行中的二次绕组接退磁电阻，其余的二次绕组开路。

对于首检或经检修、改制的计量用电流互感器，首先应在充磁情况下进行误差测试，然后在退磁情况下进行误差测试，测试结果均应满足表 3.8 计量用电流互感器误差限值的要求。

对于周检的计量用电流互感器，首先应在随机情况下进行误差测试，然后在退磁情况下进行误差测试，测试结果均应满足表 3.8 计量用电流互感器误差限值的要求。

表 3.8　　　　　　　　　　　　　　计量用电流互感器基本误差限值

准确等级	I_p/I_n（%）	1	5	20	100	120
1	比值差（±%）	—	3.0	1.5	1.0	1.0
	相位差（±′）	—	180	90	60	60
0.5	比值差（±%）	—	1.5	0.75	0.5	0.5
	相位差（±′）	—	90	45	30	30
0.2	比值差（±%）	—	0.75	0.35	0.2	0.2
	相位差（±′）	—	30	15	10	10
0.1	比值差（±%）	—	0.4	0.2	0.1	0.1
	相位差（±′）	—	15	8	5	5
0.5S	比值差（±%）	1.5	0.75	0.5	0.5	0.5
	相位差（±′）	90	45	30	30	30
0.2S	比值差（±%）	0.75	0.35	0.2	0.2	0.2
	相位差（±′）	30	15	10	10	10

3）邻近一次导体影响。测试时按制造厂技术条件规定放置邻近一次导体。将此误差与无邻近一次导体（或远离）下测得的误差进行比较，取误差变化量的绝对值作为邻近一次导体影响的测量结果。其误差的变化，不得大于基本误差限值的 1/4。

4）工作接线影响。测试时按技术条件要求连接一次回路母线并通入相当于正常运行的电压电流。然后进行误差试验。允许分别施加电流和电压，然后把影响量按代数和相加。比较被试互感器在工作接线下误差与试验室条件下误差的偏差，取其绝对值作为工作接线影响的测量结果。其误差的变化，不得大于基本误差限值的 1/10。

5）磁饱和裕度。电流互感器铁心磁通密度在 1.5 倍额定电流和额定负荷状态下，误差应不大于额定电流及额定负荷下误差限值的 1.5 倍。如果被检电流互感器 150%额定电流点在标准装置的测量范围内，可以用比较法直接测量 150%点的误差。

三、检验结果的处理

（1）检定数据应按规定格式做好原始记录，原始记录应至少保持两个检定周期。

（2）按检定方法得到的被检互感器在全部检验点的误差，如果不超出表 3.8 基本误差限值范围，且稳定性、运行变差和磁饱和裕度均符合规定，则认为误差合格。如果一项或多项运行变差超差，但实际误差绝对值加上超差的各项运行变差绝对值没有超过基本误差限值，也可认为互感器误差合格。

被检互感器在一个或多个检验点的误差，如果超出基本误差限值范围，或者稳定性、运行变差和磁饱和裕度超出规定值，且实际误差绝对值加上超差的各项运行变差绝对值超过基本误差限值，则认为误差不合格。不合格互感器允许在规定条件下进行复检，并根据复检的结果做出误差是否合格的结论。

（3）被检互感器外观检查和极性试验合格，同时各项误差检验合格，则互感器检定合格并发给检定证书，且在检定证书上给出互感器的误差检定结果。

检定结果有不合格项目的互感器如降级后能符合所在级别全部技术要求，允许降级使用。不适合降级使用的互感器，发给检定结果通知书，在通知书中说明不合格的项目并给出检定数据。

复检后仍有不合格项目的互感器，发给检定结果通知书，并在通知书中说明不合格的项目和数据。

（4）电磁式电流互感器的检定周期不得超过 10 年。

【实训操作】电流互感器现场检验

一、所需的工具及仪表

（1）工具：低压验电笔、组合工具、绝缘手套、工作牌、安全帽及绝缘手套等。

（2）仪表：标准电流互感器、互感器校验仪、电流互感器负荷箱、调压控制箱、电源盘、升流器、钳形电流表、万用表、检验用一、二次导线等。

（3）资料：作业指导书、记录本、第一种工作票。

二、实训内容和步骤

1. 危险点分析及控制措施

安全工作要求主要参照《国家电网公司电力安全工作规程》有关规定执行，做好安全措施。

（1）办理现场工作第一种工作票（老师现场给出模拟计量装置条件）。

（2）工作票许可后，指导老师担任工作负责人核实工作票各项内容。

（3）做好包括以下内容的安全工作技术措施。

1）电流互感器从系统中隔离，并在一次侧两端挂接地线。

2）确认电流互感器被测的计量二次绕组及回路。

3）电流互感器除被测二次回路外二次回路应可靠短路。

4）对被测试设备一、二次回路进行检查核对，确认无误后方可工作。

5）试验中禁止电流互感器二次回路开路。

6）严禁在电流互感器与短路端子间的回路和导线上进行任何工作。

2. 作业前准备工作

依据 JJG 1021—2007《电力互感器》的规定，开展电流互感器现场检验时，必须满足以下条件。

（1）环境条件。环境气温–25～55℃，相对湿度不大于 95%，周围无强电、磁场干扰。

（2）试验电源。试验电源频率为 50Hz±0.5Hz，波形畸变系数不大于 5%。

（3）准备好所需工器具及检验设备。

3. 进行三步式验电

严格按要求进行三步式验电。

4. 测量用工器具和设备

（1）电流互感器检定用测试导线，如图 3.20 所示。

（2）调压控制箱用来调节电压，输出至升流器。其调节方式有细调和粗调两种，根据需要的电流大小选择，细调可作为粗调到所需电流附近时的精确调节补充，如图 3.21 所示。

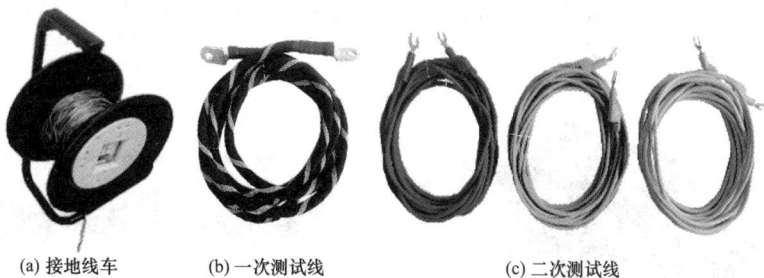

(a) 接地线车   (b) 一次测试线   (c) 二次测试线

图 3.20　测试导线

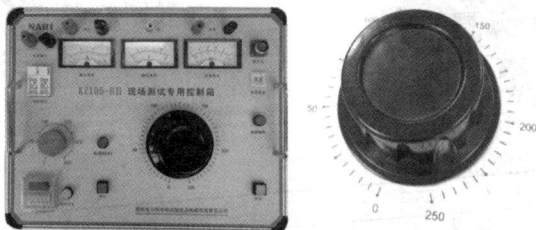

图 3.21　调压控制箱

（3）升流器又称大电流发生器，提供试验所需的大电流信号，是电力、电气行业在调试中需要大电流场所的必需设备，如图 3.22 所示。

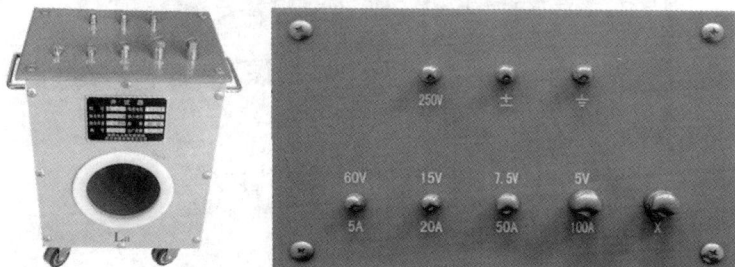

图 3.22　升流器

（4）标准电流互感器用来给试验线路提供标准的二次电流信号，如图 3.23 所示。

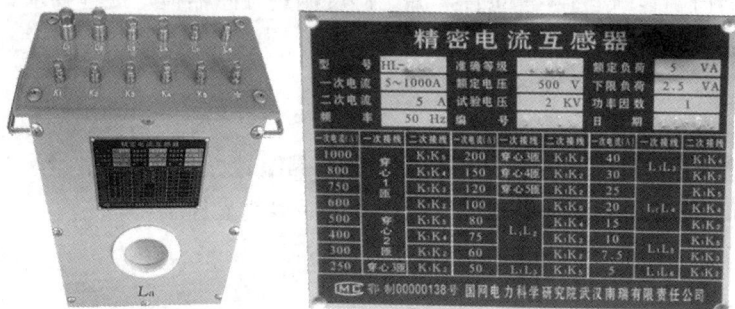

图 3.23　标准电流互感器

（5）被试电流互感器是指试验过程中的被测电流互感器，如图 3.24 所示。

（6）互感器校验仪用于互感器误差测试及极性判断。3 个窗口可分别显示比差、角差、电流百分比等，如图 3.25 所示。

图 3.24　被试电流互感器

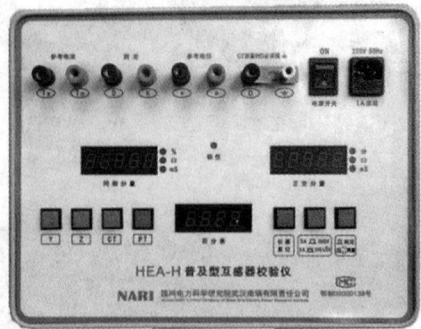

图 3.25　互感器校验仪

（7）电流互感器负荷箱用来给被试电流互感器提供二次负载，如图 3.26 所示。

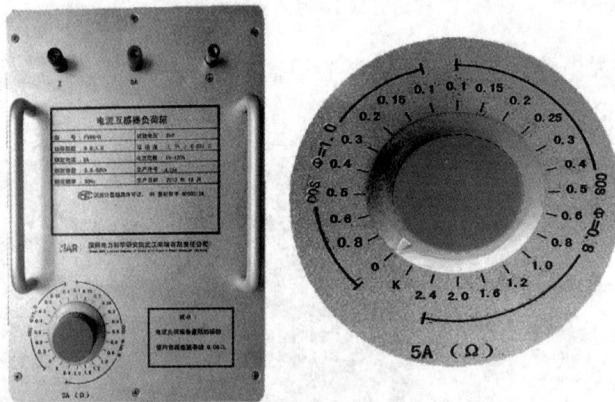

图 3.26　电流互感器负荷箱

5．测试操作步骤

（1）环境条件检查。检查环境条件，温、湿度满足互感器检定规程要求。

（2）试验前的放电。对被试品进行放电。

（3）直观检查。检查如下项目。

1）被检互感器外观应完好。

2）电流互感器应有铭牌和标志。铭牌上应有产品编号、出厂日期、接线图或接线方式说明、有额定电流比或（和）额定电压比、准确度等级等明显标志。

3）一次和二次接线端子上应有电流接线符号标志。

4）接地端子上应有接地标志。

（4）绝缘电阻测试。用 2500V 绝缘电阻表测量被试电流互感器一次绕组对二次绕组、二次绕组之间及对地间的绝缘电阻值。

（5）误差测试接线。

1）试验接线前应对被试电流互感器放电。

2）按图 3.27 接好试验装置接线（升流控制器、升流器、互感器校验仪、电流负荷箱、标准电流互感器）线路。

3）连接被试电流互感器一次和二次端试验接线。注意辨识被试电流互感器二次计量专用绕组。

4）除电流互感器计量用试验二次绕组外，绕组二次回路短路接地。

5）两人进行，一人操作，一人监护。操作人员应戴绝缘手套及护目镜。电源盒应具有漏电保护装置并有明显断开点。

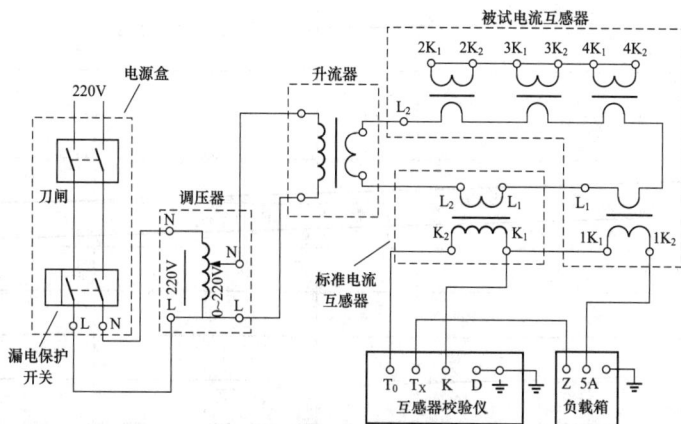

图 3.27 电流互感器误差检定接线原理图

（6）绕组极性检查。电流互感器应为减极性。一般用电流互感器校验仪进行极性检查。标准互感器的极性是已知的，当按规定的标记接好线通电时，若发现校验仪的极性指示器动作而又排除是由于变比接错、误差过大等因素所致，则可认为被试品与标准电流互感器的极性相反。按比较法线路完成测量接线后，在额定电流的 5%以下测试极性。

（7）退磁。采用闭路退磁法，在电流互感器的二次接一个相当于其额定负荷 10～20 倍的可变电阻，一次通以工频交流电流，将电流从零平滑地升至额定电流值的 120%，再将电流均匀缓慢地降至零。对于多次级的电流互感器，其余铁心的二次线圈此时均应短路，当二次绕组均与同一个铁心铰链时，运行中的二次绕组接退磁电阻，其余的二次绕组开路。

（8）基本误差测量。

1）检查负载箱并正确设置档位，负荷的容量应根据铭牌规定值选取。

2）检查调压器是否在零位。

3）复核无误后，向老师申请送电，经老师同意后送电。

4）打开互感器校验仪电源，进入正确测量界面。

5）启动电源控制箱，操作调节设备，电流应均匀缓慢地升降。

6）在额定二次负荷时，测试点按额定一次电流的 1%（S 级）、5%、20%、100%、120%选取，读取各点误差数据，记录在表 3.9 误差数据记录表的相应位置。

7）恢复二次测量设备至初始状态。依次对电源控制箱、互感器校验仪断电，对刀闸和保护开关（先断开保护开关，再拉开刀闸）以及负载箱进行复位。

表 3.9　　　　　　　　　　　　　　误 差 数 据 记 录 表

电流比 误差	额定电压百分数 / (%)	1	5	20	100	120	二次负荷/ (VA) $\cos\phi=$
U 相	互感器编号：　　　　　　　　端子标志：						
	f / (%)						
	δ / (′)						
	f / (%)						
	δ / (′)						
V 相	互感器编号：　　　　　　　　端子标志：						
	f / (%)						
	δ / (′)						
	f / (%)						
	δ / (′)						
W 相	互感器编号：　　　　　　　　端子标志：						
	f / (%)						
	δ / (′)						
	f / (%)						
	δ / (′)						

备注：

（9）稳定性试验。

1）根据 JJG 1021—2007 规定，后续检定和使用中检验时应做稳定性试验。

2）根据被检电流互感器本次和上次两次检定误差数据进行稳定性判断，其误差的变化不得大于基本误差限值的 2/3。

（10）运行变差试验。

1）可以部分或全部采用经检定机构认可的实验室提供的试验报告数据。

2）互感器在制造厂技术条件规定的运行状态下，按照 JJG 1021—2007 规程规定的方法测试互感器受运行环境影响而发生的变化，每个影响因素单独作用引起的变差不宜超过检定规程的规定。

（11）磁饱和裕度试验。

1）铁心磁通密度在 1.5 倍额定电流和额定负荷状态下，误差应不大于额定电流及额定负荷下误差限值的 1.5 倍。

2）推荐采用直接测量法，如果被检电流互感器 150%额定电流点在标准装置的测量范围内，可以用比较法直接测量 150%点的误差。

（12）收工。

1）拆试验导线。降下升流控制器至零位并断开电源，必须有明显断开点，拆除临时接用电源，依次拆除一次和二次试验导线，拆除一次和二次设备接地线。

2）恢复、清理现场。恢复被试互感器二次接线并复核正确，整理、清点作业工具和检验设备，清扫整理作业现场，加装封印，并拍照留存。

（13）检定结果的处理。所测数据按 JJG 1021—2007 规程要求进行处理（检定准确级别 0.2S 级的互感器，读取的比差保留到 0.001%，相位差保留到 0.01′；检定准确级别 0.5S 级的互感器，读取的比差保留到 0.01%，相位差保留到 0.1′）。

（14）对检定结果进行判断，检定合格者出具检定证书，不合格则出具检定结果通知书。

7．工作票终结

（1）收拾工器具，清理现场，解除布置的安全设施。

（2）其他人员退出工作现场，在工作票上填写现场工作结束时间和其他必填内容，工作票终结。

三、评分表

电流互感器现场校验评分标准如表 3.10 所示。

表 3.10　　　　　　　　　　　电流互感器现场校验评分标准

电流互感器现场检验					
姓名				学号	
序号	评分类别	质量要求	配分	评分标准	得分
1	着装、工器具及材料准备要求	1．戴安全帽、穿工作服及绝缘鞋	10	未戴安全帽、未穿工作服及绝缘鞋不得进入实训场地，每样扣 3 分	
		2．所有工器具、材料准备齐全		工器具不齐全，每样扣 3 分	
		3．正确使用各种工器具，不发生掉落及损坏现象		工器具使用不正确，发生掉落及损坏现象，量程使用不当等，每样扣 3 分	
2	环境条件及试验设备检查	检查试验设备、环境温度、湿度等是否符合要求，并做好记录（按实际温湿度填写）	5	检定前未检查环境条件扣 2 分，未检查试验设备扣 2 分	
				试验设备检查不正确，每处扣 1 分	
				记录数值超出实际值±2%，每处扣 0.5 分	
3	验电	使用验电笔（器）对柜体金属部分进行验电	5	验电前触摸到柜体金属部分，未使用验电笔（器）对柜体金属部分进行验电或戴手套验电，每样扣 5 分	
4	安全保障要求	试验前后放电	4	试验前后放电每少一次扣 2 分	
				未能正确放电，每次扣 1 分	
5	直观检查	按规程进行直观检查，口述报告结果	2	未报告"直观检查合格"扣 2 分	
6	绝缘电阻的测定	要求测量方法及结论正确	6	选用兆欧表电压量程不正确扣 2 分	
				测量方法不正确扣 2 分	
				测试项目不全扣 2 分	
				兆欧表使用不正确扣 2 分	

序号	评分类别	质量要求	配分	评分标准	得分
7	工频电压试验	按规程要求进行耐压试验	2	未报告扣 2 分	
8	绕组极性检查	要求能够正确检查、判断所测绕组的极性（可以在误差测定时进行）	6	未进行极性检查扣 4 分	
				极性检查不正确扣 4 分	
9	误差校验	按规程要求用比较法进行现场误差校验	50	接通工作电源前，应报告老师"申请合闸"，经老师同意后，方可通电。不报告老师就通电扣 5 分	
				检定线路接线错误每次扣 6 分。出现严重的安全隐患，老师口头警告并扣除 10 分。出现两次严重安全隐患（如带电拆接线、电压互感器二次短路、调压器升压器输出端短路、安全距离不够等），终止该项操作	
				未按规定用、接线，扣 1 分	
				实验设备量程或档位选择错误，每处（次）扣 2 分（负荷箱VA 值档位错扣 8 分）	
				测试点选择不正确，每点扣 5 分	
				调整测试点偏离规定值的±2%，每点扣 0.5 分	
				带电转换测量量程且未损坏测量仪器者，每次扣 1 分	
				调压器不在零位而送、停试验电源者，每次扣 5 分；未开启校验仪工作电源而进行调压器操作者，每次扣 1 分	
				检定结束未切断总工作电源就拆除试验导线，扣 5 分	
				试验一次导线连接不牢固造成试验中脱落扣 10 分；二次接线脱落扣 6 分	
				应接地点未接地每处扣 1 分（一次尾未接地属接线错误）	
				拆除测试线前应向老师报告，否则扣 5 分	
10	检定原始记录、检定证书或检定结果通知书	证书填写完整，字迹端正、清洁、无涂改，检定周期按 10 年处理	10	1. 写错、漏项、涂改，每处扣 1 分； 2. "检定原始记录"和"检定证书"缺少，每份扣 6 分； 3. 数据处理不正确，每处扣 2 分； 4. 检定结果不正确，每处扣 2 分，检定结论不正确扣 5 分（如不合格需具体说明）	

序号	评分类别	质量要求	配分	评分标准	得分
11	其他要求	操作结束后，测试仪器、仪表、工具、测试线复原，清理现场		未按要求清理好现场，每处扣1分	
		总分			

任务二　电压互感器现场检验

【教学目标】

知识目标

（1）掌握电压互感器误差测试方法。

（2）掌握电压互感器误差测试步骤。

（3）掌握电压互感器现场检定项目及要求。

能力目标

（1）熟练开展电压互感器现场检验安全措施布置。

（2）熟练开展电压互感器基本误差测量接线。

（3）熟练进行电压互感器现场校验误差测试。

（4）熟练进行电压互感器现场检验结果的处理。

态度目标

（1）自主学习，独立思考。

（2）学习过程中遇到问题，分析分问题并解决问题。

（3）有团队精神，共同讨论，共同完成任务。

（4）遵守安规，爱岗敬业。

一、电压互感器误差概述

电压互感器的基本结构和变压器很相似，如图 3.28（a）原理电路图所示，工作原理与变压器相同，它也有两个绕组，一个叫一次绕组，另一个叫二次绕组，两个绕组都装在或绕在铁心上，两个绕组之间以及绕组与铁心之间都有绝缘，使两个绕组之间以及绕组与铁心之间都有电的隔离。电压互感器在运行时，一次绕组 N_1 并联接在线路上，二次绕组 N_2 并联仪表或继电器。因此在测量高压线路上的电压时，尽管一次电压很高，二次侧却是低压，可以确保操作人员和仪表的安全。

电压互感器等值电路图与图 3.18（a）相同，由图 3.28（b）相量图可见，由于电压互感器存在励磁电流和内阻抗，使折算到一次侧的二次电压 $-\dot{U}_2$ 与一次电压 $\dot{U}_1$ 在数值和相位上都有差异，即测量结果有两种误差——电压误差和相位差。

电压误差（也叫比值差、比差）f_u，定义为二次电压测量值 U_2 乘上额定互感比 k_u 所得的一次电压近似值 $k_u U_2$ 与一次电压实际值 U_1 之差除以 U_1 的百分数。

$$f_u = \frac{k_u U_2 - U_1}{U_1} \times 100$$

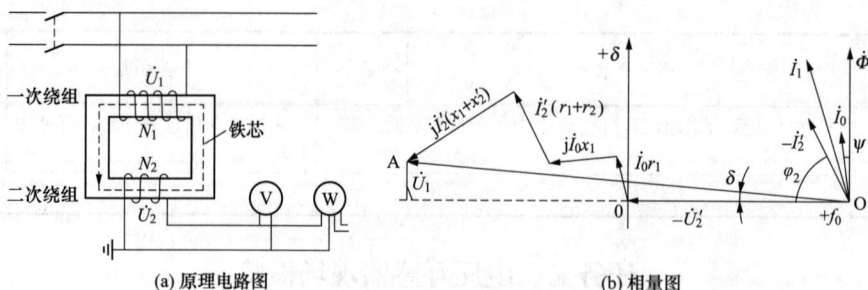

(a) 原理电路图　　　　　　　　　　　(b) 相量图

图 3.28　电磁式电压互感器

相位误差（也叫相差、角差）δ_u，定义为为旋转 180° 的二次电压相量 $-\dot{U}_2$ 与一次电压相量 $\dot{U}_1$ 之间的夹角，用（′）表示。

规定：当 $-\dot{U}_2$ 超前 $\dot{U}_1'$ 时，δ_u 为正值；反之，δ_u 为负值。

二、检验项目与要求

现场检定项目按表 3.11 规定执行。

表 3.11　　　　　　　　　　　现 场 检 定 项 目

检定项目 ＼ 检定类别	首次检定	后续检定	使用中检验
外观及标志检查	+	+	+
绝缘试验	+	+	－
绕组极性检查	+	－	－
基本误差测量	+	+	+
稳定性试验	－	+	+
运行变差试验	+	－	－
磁饱和裕度试验	+	－	－

1. 外观及标志检查

电力互感器上应有清晰的铭牌和极性标志。铭牌上应有接线图或接线方式说明、互感器型号、技术参数、极性标志、准确度等级、额定绝缘水平、出厂序号、制造年月等明显标示。互感器的一次和二次接线端子上应有接线符号标志，接地端子上应有接地符号。

2. 绝缘试验

测量绝缘电阻应使用绝缘电阻表，规格为 2500V。一次对二次绝缘电阻值应大于 1500MΩ，二次绕组之间绝缘电阻值应大于 500MΩ，二次绕组对地绝缘电阻值应大于 500MΩ。

工频耐压试验使用频率为 50Hz±0.5Hz，失真度不大于 5% 的正弦波电压。试验电压测量误差不大于 3%。试验电压应从零平稳上升，在规定耐压值停留 1min，然后平稳下降到接近零。试验时应无异音、异味，无击穿和表面放电，绝缘保持完好，误差无可觉察的变化。一次对二次及地工频耐压试验按出厂试验电压的 85% 进行（66kV 及以上电流互感器除外），二次绕组之间及对地工频耐压试验为 2kV。

3. 绕组极性检查

使用互感器校验仪核验绕组的极性。根据互感器的接线标志，采用比较法线路完成测量接线，升流至额定值的 5% 以下测试，用校验仪的极性指示功能或误差测量功能，核验互感器的极性。

4. 基本误差测量

（1）一般要求。根据被检互感器的变比和准确度等级，按要求选用合适的标准器，按规定的线路接线方式测量误差。测量时可以从最大的百分数开始，也可以从最小的百分数开始，高压互感器宜在至少一次全量程升降之后读取检定数据。

电压互感器在上限负荷下的检验点为 80%、100%、110%（适用于 330kV 和 500kV 电压互感器）、115%（适用于 220kV 及以下电压互感器）；下限负荷下的检定点为 80%、100%。有多个二次绕组的电压互感器，除剩余绕组外，各绕组接入规定的上下限负荷，上限负荷为额定负荷，下限负荷按 2.5VA 选取。

检定准确度级别为 0.1 级和 0.2 级的互感器，检验时读取的比值差保留到 0.001%，相位差保留到 0.01′。检定准确度为 0.5 级和 1 级的互感器，读取的比值差保留到 0.01%，相位差保留到 0.1′。

（2）使用标准电压互感器的比较法线路。原理接线图如图 3.29 和图 3.30 所示。图 3.29 中的高压试验电源是试验变压器，主要用于检验电磁式电压互感器。

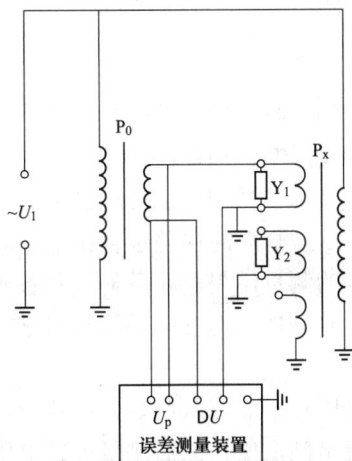

图 3.29　检验电磁式电压互感器误差原理　　　图 3.30　检验电磁式电压互感器误差原理
　　　接线图（高端测差）　　　　　　　　　　　　接线图（低端测差）

P₀—标准电压互感器；Pₓ—被检电压互感器；

Y₁，Y₂—电压负荷箱

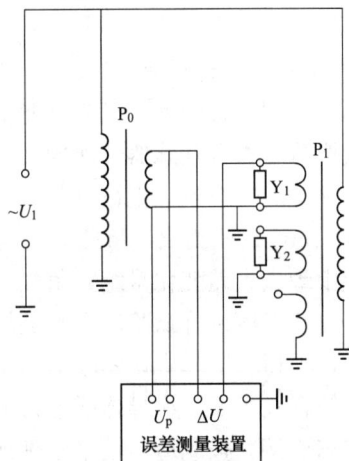

在检测时高端测差法不改变设备的接地方式，有利于测量安全，应优先采用。

使用的校验仪只能低端测差，可用图 3.30 线路接线和测量。

检定三相五柱电压互感器，应施加三相高压电源，在被测相与地间接入标准电压互感器，被测相二次绕组接入电压负荷箱，用比较法测量误差。原理接线图如图 3.31 所示。

如果三相五柱电压互感器二次回路负荷接成 V 形，检定时可以在二次回路相间用两台电压负荷箱接成 V 形负荷，在被测相间接入不接地标准电压互感器，按不接地电压互感器检定，并在检定证书中对接线方式和检定结果进行说明。原理接线图如图 3.32 所示。

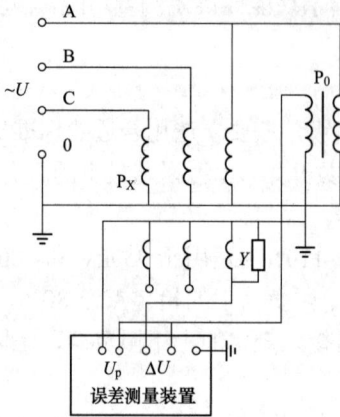

图 3.31　按接地电压互感器检定原理接线图　　　图 3.32　按不接地电压互感器检定原理接线图

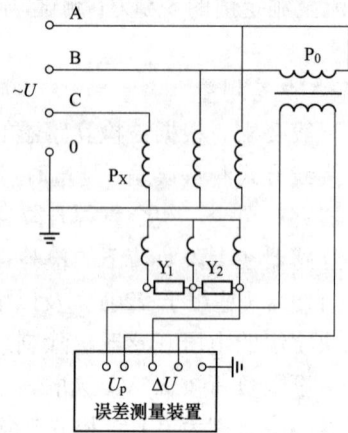

5. 稳定性试验

电压互感器的稳定性取上一次检定结果与当前检定结果，分别计算两次检定结果中比值差的差值和相位差的差值。互感器在连续两次检定中，其误差的变化，不得大于基本误差限值的 2/3。

6. 电压互感器运行变差试验

电压互感器运行变差定义为互感器误差受运行环境的影响而发生的变化。影响因素包括环境温度影响、组合互感器一次导体磁场影响、工作接线影响、频率影响等。

（1）环境温度影响。把被试品置入人工气候室，在技术条件规定的环境温度上下限分别放置 24h，进行误差测量。将此误差与室温下（10～35℃）测得的误差进行比较，取上下限温度试验中最大误差变化量绝对值较大的作为温度影响的测量结果。在条件不具备时，可以利用冬夏自然温度进行试验。在安装地点进行的试验，允许按当地极限环境气温进行。其误差的变化，不得大于基本误差限值的 1/4。

（2）组合互感器一次导体磁场影响。试验时被试电压互感器接入额定二次负荷，一次侧按运行状态连接。按制造厂技术条件加载一次母线电流至额定值，然后测量被试电压互感器二次电压 U_2。一次导体磁场的影响按下式计算：

$$\Delta\varepsilon = \frac{4U_2}{U_{2n}}$$

式中　U_{2n}——额定二次电压。

（3）工作接线影响。试验时按技术条件要求连接一次回路母线并通入相当于正常运行的电压电流。然后进行误差试验。允许分别施加电流和电压，然后把影响量按代数和相加。比较被试互感器在工作接线下误差与试验室条件下误差的偏差，取其绝对值作为工作接线影响的测量结果。其误差的变化，不得大于基本误差限值的 1/10。

（4）频率影响。试验时使用变频电源，二次接入额定上限负荷。试验频率为 49.5Hz 和 50.5Hz，频率偏差不大于 0.05Hz。

7. 磁饱和裕度试验

电流互感器铁芯磁通密度在相当于额定电流和额定负荷状态下的接 1.5 倍时，误差不大于额定电流及额定负荷下误差限值的 1.5 倍。条件允许，可以用比较法直接测量 15% 的点误差。

三、现场检验用设备和供电电源

1. 环境条件

（1）环境气温 -25～55℃，相对湿度不大于 95%。

（2）环境电磁场干扰引起标准器的误差变化不大于被检互感器基本误差限值的 1/20。检定接线引起被检互感器的变化不大于被检互感器基本误差限值的 1/10。

（3）电压互感器的下限负荷按 2.5VA 选取，电压互感器有多个二次绕组时，下限负荷分配给被检二次饶组，其他二次绕组空载。

2. 试验电源频率

试验电源频率为 50Hz±0.5Hz，波形畸变系数不大于 5%。

3. 高压测试电源装置

检验电磁式电压互感器可使用相应电压等级的试验变压器。调压器的容量应与试验变压器的额定电压和实际输出容量匹配。调压装置应有输出电流指示和过流保护机构。

4. 标准电压互感器

检定使用的电压互感器（含电子式标准电压互感器），额定变比应和被检互感器相同，准确度等级至少比被检互感器高两个等级，在检定环境条件下的实际误差不大于被检互感器基本误差限值的 1/5。

标准器的变差（电压上升与下降时两次测得的误差值之差），应不大于它的基本误差限值的 1/5。

标准器的实际二次负荷（含差值回路负荷），应不超出其规定的上限与下限负荷范围。如果需要使用标准器的误差检定值，则标准器的实际二次负荷（含差值回路负荷）与其检定证书规定负荷的偏差，应不大于 10%。

5. 电压负荷箱

用于电力互感器检定的电压负荷箱，在接线端子所在的面板上应有额定环境温度区间、额定频率、额定电压及额定功率因数的明确标示。

在规定的环境温度区间，电压负荷箱在额定频率和电压的 80%～120% 范围内，有功和无功分量相对误差均不超出 ±6%，残余无功分量（适用于功率因数等于 1 的负荷箱）不超出额定负荷的 ±6%。在有规定的电压百分数下，有功和无功分量的相对误差均不超出 ±9%，残余无功分量（适用于功率因数等于 1 的负荷箱）不超出额定负荷的 ±9%。

6. 误差测量装置

误差测量装置的比差值和相位差示值分辨力应不低于 0.001% 和 0.01'。在检定环境条件下，误差测量装置引起的测量误差，不大于被检互感器基本误差限值的 1/10。其中，差值回路的二次负荷对标准器和被检互感器的误差影响均不大于误差限值的 1/20。

7. 监测用电流、电压百分表

电流、电压百分表的准确度不低于 1.5 级。在规定的测量点范围内，内阻抗应保持不变。

8. 互感器校验仪

校验仪应符合 JJG 169—2010《互感器校验仪》的技术要求，准确度不低于 2 级，谐波抑制能力不小于 26dB。用电压互感器作标准时，差压回路的负荷不大于 0.1VA。用电容分压器作标准时，应使用专门设计的电位差式电压互感器校验仪。电压互感器校验仪的差压回路有高端测差和低端测差两种方式。

注意：当使用等功率电桥测量线路时，推荐使用电流比较仪式高压电容电桥测定误差。

四、检验结果的处理

（1）检定数据应按规定格式做好原始记录，原始记录应至少保持两个检定周期。

（2）按检定方法得到的被检互感器在全部检验点的误差，如果不超出表 3.12 的基本误差限值范围，且稳定性、运行变差和磁饱和裕度均符合规定，则认为误差合格。如果一项或多项运行变差超差，但实际误差绝对值加上超差的各项运行变差绝对值没有超过基本误差限值，也认为互感器误差合格。

表 3.12　　　　　　　　　　　电压互感器基本误差限值

准确等级	U_p/U_n（%）	80	100	120
1	比值差（±%）	1.0	1.0	1.0
	相位差（±′）	60	60	60
0.5	比值差（±%）	0.5	0.5	0.5
	相位差（±′）	30	30	30
0.2	比值差（±%）	0.2	0.2	0.2
	相位差（±′）	10	10	10
0.1	比值差（±%）	0.1	0.1	0.1
	相位差（±′）	5	5	5

得到的被检互感器在一个或多个检验点的误差，如果超出基本误差限值范围，或者稳定性、运行变差和磁饱和裕度超出规定值，且实际误差绝对值加上超差的各项运行变差绝对值超过基本误差限值，则认为误差不合格。不合格的互感器允许在规定条件下进行复检，并根据复检的结果做出误差是否合格的结论。

（3）被检互感器外观检查和极性试验合格，同时各项误差检验合格，则互感器检定合格并发给检定证书，且在检定证书上给出互感器的误差检定结果。

检定结果有不合格项目的互感器如降级后能符合所在级别全部技术要求，允许降级使用。不适合降级使用的互感器，发给检定结果通知书，在通知书中说明不合格的项目并给出检定数据。

复检后仍有不合格项目的互感器，发给检定结果通知书，并在通知书中说明不合格的项目和数据。

（4）电磁式电压互感器的检定周期不得超过 10 年。

五、检验注意事项

（1）电源引线接到测量工作区时，应通过开关给工作设备供电。

（2）校验仪的供电电源与升压器电源应来源于不同相别，避免电源压降干扰仪器工作。

（3）检验过程中，升压操作人员与接线人员应相互高声呼应，需经工作负责人下令后，方可进行升压操作。

（4）一次导线应紧固在被试品一次接线端子上。为了使一次导线与被试品有适当的安全距离，引下线应与被试品至少成 45°，必要时可以使用绝缘绳牵引导线绕过障碍物，最后把一次引下线固定在高压电源的高压端子上。用一次导线连接标准电压互感器和试验电源的高压接线端子并适当张紧。

（5）检验接线前，先拆下计量绕组及其他（测量、保护等）绕组的二次引线，并作相应的标记和绝缘措施后，再进行回路接线。

（6）检验电磁式电压互感器可使用相应电压等级的试验变压器。调压器的容量应与试验变压器的额定电压和实际输出容量匹配，调压装置应有输出电压指示和保护机构。

【实训操作】电压互感器现场检验操作

一、所需的工具及仪表

（1）工具：低压验电笔、螺丝刀、绝缘杆、放电棒、高空接线钳、测试用导线、安全带、工作牌、安全帽及绝缘手套等。

（2）仪表：高压验电器（含工频发生器）、万用表、钳形电流表、标准电压互感器、互感器校验仪、感应分压器、电压负荷箱、升压装置、调压控制箱、耐压试验装置、绝缘电阻表。

（3）资料：作业指导书、记录本、第一种工作票。

二、电压互感器现场检验操作

1. 安全工作要求

（1）进入试验区，着装要符合安全规程要求，穿工作服，戴安全帽，操作时戴手套。

（2）要走安全通道，禁止穿越安全围栏，安全围栏是现场工作的必备安全措施。

（3）确认被试电压互感器的一、二次绕组及标志。

（4）测试前、后电压互感器都必须用专用放电棒放电。

（5）电压等级在 110kV 以上时，严禁用硬导线作一次线。

（6）在接一次高压线时，必须戴绝缘手套，且电压互感器高压必须可靠接地，以防高压静电。

（7）接线完毕，试验设备通电前一定要报告指导老师。

（8）试验时严禁电压互感器二次回路短路。

（9）工作完成后应解除所有接线，检查无误后，关闭电源，离开实训室。

2. 作业前准备工作

依据 JJG 1021—2007《电力互感器》的规定，开展电压互感器现场检验时，必须满足以下条件。

（1）环境条件。环境气温−25～55℃，相对湿度不大于 95%，周围无强电、磁场干扰。

（2）试验电源。试验电源频率为 50Hz±0.5Hz，波形畸变系数不大于 5%。

（3）准备好所需工器具、检验设备。

3. 办理第一种工作票及工作许可

（1）依据老师现场给出的模拟计量装置填写工作票。

（2）填写工作票后，现场指导老师担任工作负责人，逐一核实各项安全措施，确保安全后许可工作，试验过程工作负责人全程监护。

4. 电压互感器检定用工器具

（1）接地盘是一个和大地直接导通的金属盘，它是整个试验区的接地点，保证试验线路需接地处的可靠接地。

（2）放电棒是可伸缩的绝缘棒，目的是放掉试验前、后设备一次端残余电量，保证操作人员和设备的安全。

（3）电压互感器检定用测试导线。其是指用来测试的连接线，如图 3.33 所示。

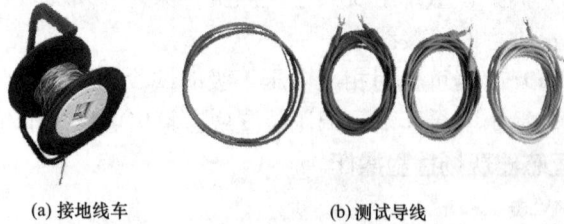

(a) 接地线车　　　　　　　　(b) 测试导线

图 3.33　测试导线

1）接地线车是试验中需接地处所使用的连接线。

2）一、二次测试导线是试验中连接一、二次试验回路的连接线。

（4）电压互感器检定用设备的功能和使用方法。

1）调压控制箱用于调节电压，调节方式有细调和粗调两种，如图 3.34 所示。

2）标准电压互感器用来给试验线路提供标准的二次电压信号，如图 3.35 所示。

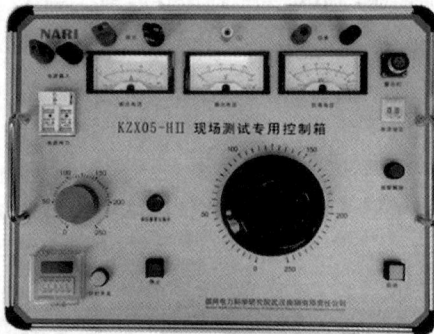

图 3.34　调压控制箱　　　　　　　　图 3.35　标准电压互感器

图上这台标准互感器额定二次电压是 100V、$100\sqrt{3}$ V，额定一次电压是 10000V、$10000/\sqrt{3}$ V。

3）被试电压互感器，即被校验电压互感器，如图 3.36 所示。

该被试电压互感器一次电压是 $10000/\sqrt{3}$ V，二次电压是 $100/\sqrt{3}$ V。

（5）互感器校验仪用于互感器误差测试及极性判断，通过按键操作可进入测量界面，可显示比差、角差、电压百分比、极性报警等，如图 3.37 所示。

（6）电压互感器负荷箱用来给被试电压互感器提供二次负载，可通过切换开关设置（或叠加）大小不同的负载，如图 3.38 所示。

（7）绝缘电阻表用于对电压互感器绝缘电阻进行测量，如图 3.39 所示。

使用前要检查表计的开路与短路状态，对电压互感器各绕组间、绕组对地间进行绝缘测量。

图 3.36　被试电压互感器

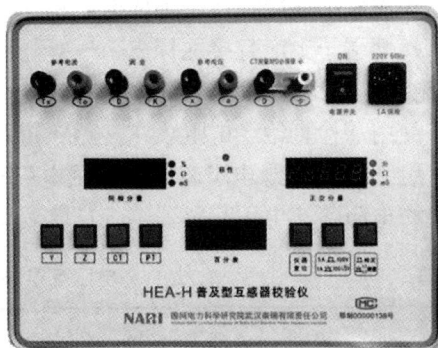

图 3.37　互感器校验仪

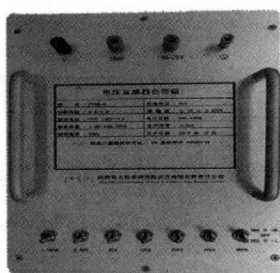

图 3.38　电压互感器负荷箱

图 3.39　绝缘电阻表

5. 试验前的放电

在对被试品（以不接地电压互感器为例）一次侧进行放电。

6. 直观检查

（1）被检互感器外观应完好。如有以下缺陷之一，修复后方予检定。

1）无铭牌或铭牌中缺少必要的标记。

2）接线端钮缺少、损坏或无标记。

3）多变比互感器未标不同变比的接线方式。

4）严重影响检定工作进行的缺陷。

（2）电力互感器器身上应有铭牌和标志。铭牌上应有产品编号、出厂日期、接线图或接线方式说明、额定电压比、准确度等级等明显标志。

（3）一次和二次接线端子上应有电压接线符号标志。

（4）接地端子上应有接地标志。

7. 绝缘电阻试验

（1）使用前检查绝缘电阻表在开路、短路状态下是否正常。

（2）用 2500V 绝缘电阻表测量被试电压互感器一次绕组对二次绕组、二次绕组之间及对地间的绝缘电阻值，电压互感器绝缘试验要求见表 3.13。

表 3.13　　　　　　　　　　　　　　电压互感器绝缘试验要求

试验项目	一次绕组对二次绕组绝缘电阻	二次绕组之间绝缘电阻	二次绕组对地绝缘电阻
要求	>1000MΩ	>500MΩ	>500MΩ

8. 工频电压试验

工频耐压试验使用频率为 50Hz±0.5Hz，失真度不大于 5% 的正弦电压。试验电压测量误差不大于 3%。试验时应从接近零的电压平稳上升，在规定耐压值停留 1min。然后平稳下降到接近零电压。试验时应无异音、异味，无击穿和表面放电，绝缘保持完好，误差无可觉察的变化。一次对二次及地工频耐压试验按出厂试验电压的 85% 进行（66kV 及以上电流互感器除外），二次绕组之间及对地工频耐压试验为 2kV。

9. 检定接线

以额定变比为 10000V/100V，额定二次负荷为 25VA 的不接地电压互感器为例作测量对象。

（1）接地线的连接。用接地线车对试验线路需接地处进行接地，用黑色线标出。

（2）一次导线的连接。标准电压互感器与被试电压互感器一次绕组高端"A、A"之间的连接线，注意该导线的绝缘距离；标准电压互感器与被试电压互感器一次绕组低端"X、X"之间的连接线。

（3）测差回路的连接。将被试电压互感器二次绕组的极性端（高端）"a"与标准互感器的极性端（高端）"a"连接，非极性端（低端）"x"与互感器校验仪的"D"端子连接，电压负荷箱 FY1 并接在被试互感器的"a"和"x"两端子间。

连接标准电压互感器的"a、x"端子和互感器校验仪的"a、x"端子，同时将标准电压互感器的"x"端子与互感器校验仪的"K"端子相连。

（4）电源线的连接。红色线和黑色线标出的为电源连接导线，电源箱接出的为调压控制箱的输入线，接至带自升压标准电压互感器的电源输入端，红色线接入"L"端，黑色线接入"N"端。

（5）电压互感器基本误差测量接线。电压互感器基本误差测量接线图，如图 3.40 所示。

10. 绕组极性检查

电压互感器应为减极性，用电压互感器校验仪进行极性检查。

标准互感器的极性是已知的，当按规定的标记接好线通电时，如发现校验仪的极性指示器动作而又排除是由于变比接错、误差过大等因素所致，则可认为被试品与标准电压互感器的极性相反。按比较法线路完成测量接线后，在额定电压的 5% 以下测试极性。

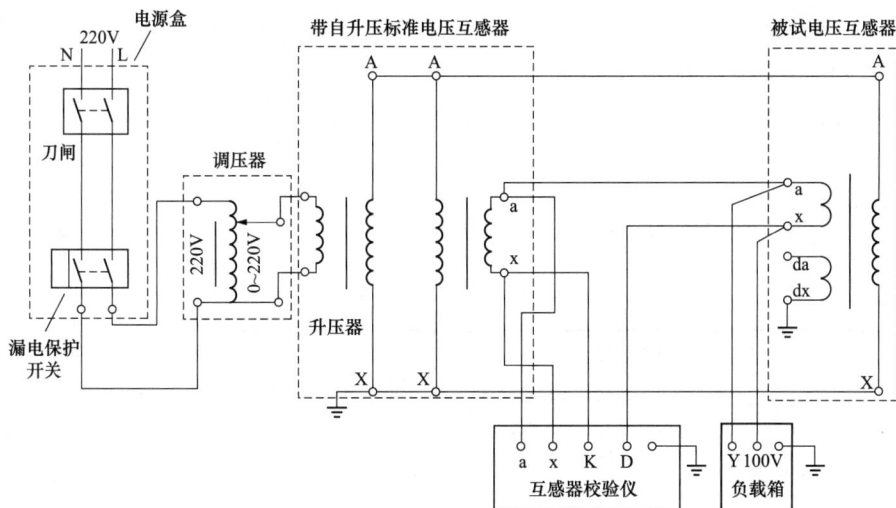

图 3.40 电压互感器基本误差测量接线图

11. 基本误差测量

（1）确认被试电压互感器二次绕组正确无误。

（2）检查负载箱并正确设置档位，负荷的容量应根据铭牌规定值选取。

（3）检查调压控制箱是否在零位。

（4）复核无误后，向老师申请送电，经老师同意后送电。

（5）打开互感器校验仪电源，设置功能键。

（6）启动电源，操作调节设备，电压应均匀缓慢地升降。

（7）在额定二次负荷时，测试点按额定一次电压的 80%、100%、115% 选取（调整裕度不超过 ±2%），读取各点误差数据，记录在表 3.14 误差数据记录表的相应位置。调压器回零后，设置下限负荷（按照 2.5VA 选取），分别测量额定一次电压的 80%、100% 点误差。

（8）恢复二次测量设备至初始状态，依次对电源控制箱、互感器校验仪断电，对电源（先断开保护开关，再拉开刀闸及负载箱进行复位。

12. 试验后的放电

对电压互感器一次回路进行放电。

13. 试验后的拆线

拆除所有测量用连接线，采用先接后拆的原则。

14. 稳定性试验

（1）根据 JJG 1021—2007 规定，后续检定和使用中检验时应做稳定性试验。

（2）根据被检电压互感器本次和上次两次检定误差数据进行稳定性判断，其误差的变化不得大于基本误差限值的 2/3。

15. 运行变差试验

（1）根据 JJG 1021—2007 规定，首次检定时应做运行变差试验。

（2）运行变差试验可以部分或全部采用经检定机构认可的实验室提供的试验报告数据。

16. 检定结果的处理

（1）所测数据按 JJG 1021—2007 规程要求进行处理（检定准确级别 0.2 级的互感器，读取的比差保留到 0.001%，相位差保留到 0.01′；检定准确级别 0.5 级的互感器，读取的比差保留到 0.01%，相位差保留到 0.1′）。

（2）对检定结果进行判断，检定合格者出具检定证书，不合格则出具检定结果通知书。

17. 清理现场

结束测试工作后，按照设备位置归位。

18. 工作票终结在工作票上填写现场工作结束的时间及其他内容，工作票终结。

表 3.14　　　　　　　　　　　　　　误 差 数 据 记 录 表

受检绕组标志	电压比	额定电压百分数/（%）〔误差〕	80	100	115（110）*	二次负荷/（VA）cosϕ=	
						1a—1n	2a—2n
U 相		互感器编号：					
		f_u/（%）					
		δ_u/（′）					
		f_u/（%）					
		δ_u/（′）					
V 相		互感器编号：					
		f_u/（%）					
		δ_u/（′）					
		f_u/（%）					
		δ_u/（′）					
W 相		互感器编号：					
		f_u/（%）					
		δ_u/（′）					
		f_u/（%）					
		δ_u/（′）					

注：*115 适合 220kV 及以下电压互感器，110 适合 330kV 和 500kV 电压互感器。

三、评分表

电压互感器现场校验评分标准如表 3.15 所示。

表 3.15　　　　　　　　　　　　电压互感器现场校验评分标准

电压互感器现场检验						
姓名				学号		
序号	评分类别	质量要求	配分	评分标准		得分
1	着装、工器具及材料准备要求	戴安全帽、穿工作服及绝缘鞋	10	未戴安全帽、未穿工作服及绝缘鞋不得进入实训场地，每样扣 3 分		
		所有工器具、材料准备齐全		工器具不齐全，每样扣 3 分		
		正确使用各种工器具，不发生掉落及损坏现象		工器具使用不正确，发生掉落及损坏现象，量程使用不当等，每样扣 3 分		

序号	评分类别	质量要求	配分	评分标准	得分
2	环境条件及试验设备检查	检查试验设备、环境温度、湿度等是否符合要求，并做好记录	5	检定前未检查环境条件扣2分，未检查试验设备扣2分	
				试验设备检查不正确，每处扣1分	
				记录数值超出实际值±2%，每处扣0.5分	
3	验电	使用验电笔（器）对柜体金属部分进行验电	5	验电前触摸到柜体金属部分，未使用验电笔（器）对柜体金属部分进行验电或戴手套验电，每项扣5分	
4	安全保障要求	试验前后放电	4	试验前后放电每少一次扣2分	
				未能正确放电，每次扣1分	
5	直观检查	按规程进行直观检查，口述报告结果	2	未报告"直观检查合格"扣2分	
6	绝缘电阻的测定	要求测量方法及结论正确	6	选用兆欧表电压量程不正确扣2分	
				测量方法不正确扣2分	
				测试项目不全扣2分	
				兆欧表使用不正确扣2分	
7	工频电压试验	按规程要求进行耐压试验	2	未报告扣2分	
8	绕组极性检查	要求能够正确检查、判断所测绕组的极性（可以在误差测定时进行）	6	未进行极性检查扣4分	
				极性检查不正确扣4分	
9	误差校验	按规程要求用比较法进行现场误差校验	50	接通工作电源前，应报告老师"申请合闸"，经老师同意后，方可通电。不报告老师就通电扣5分	
				检定线路接线错误每次扣6分。出现严重的安全隐患，老师口头警告并扣除10分。出现两次严重安全隐患（如带电拆接线、电压互感器二次短路、调压器升压器输出端短路、安全距离不够等），终止该项操作	
				未按规定用、接线，扣1分	
				实验设备量程或档位选择错误，每处（次）扣2分（负荷箱VA值档位错扣8分）	
				测试点选择不正确，每点扣5分	
				调整测试点偏离规定值的±2%，每点扣0.5分	

序号	评分类别	质量要求	配分	评分标准	得分
9	误差校验	按规程要求用比较法进行现场误差校验	50	带电转换测量量程且未损坏测量仪器者，每次扣 1 分	
				调压器不在零位而送、停试验电源者，每次扣 5 分；未开启校验仪工作电源而进行调压器操作者，每次扣 1 分	
				检定结束未切断总工作电源就拆除试验导线，扣 5 分	
				试验一次导线连接不牢固造成试验中脱落扣 10 分；二次接线脱落扣 6 分	
				应接地点未接地每处扣 1 分（一次尾未接地属接线错误）	
				拆除测试线前应向老师报告，否则扣 5 分	
10	检定原始记录、检定证书或检定结果通知书	证书填写完整，字迹端正、清洁、无涂改，检定周期按 10 年处理	10	1. 写错、漏项、涂改，每处扣 1 分； 2. "检定原始记录"和"检定证书"缺少，每份扣 6 分； 3. 数据处理不正确，每处扣 2 分； 4. 检定结果不正确，每处扣 2 分，检定结论不正确扣 5 分（如不合格需具体说明）	
11	其他要求	操作结束后，测试仪器、仪表、工具、测试线复原，清理现场		未按要求清理好现场，每处扣 1 分	

总分：

模块四 用电信息采集终端故障排查

项目一 单户故障排查

任务一 RS485 故障排查

【教学目标】

知识目标

（1）掌握钳形电流表的使用方法、注意事项。

（2）掌握 485 通信故障的检测方法、排故流程。

（3）掌握现场操作过程中的安全技术措施和组织措施。

（4）掌握 485 通信错误接线的分析与更正接线。

能力目标

（1）能够对接 1+X 证书技能考试的技能标准与技能大赛达标技能标准。

（2）能够使用仿真实训装置完成单户故障的设置与组合。

（3）能够应用综合故障的排查流程和顺序进行现场研判。

（4）能够在真操实练中安全、标准、规范地完成单户故障的排查和处理。

态度目标

（1）具备严守规程的安全用电理念。

（2）具备数字荷效的大数据低碳理念。

（3）具备工程实施和工程运维意识。

（4）树立一流企业、一流服务的岗位理念。

一、钳形电流表的使用

钳形电流表又称为钳表，它是测量交流电流的专用电工仪表。一般用于不断开电路测量电流的场合，现在一般使用的都是多功能数字显示或指针显示的仪表。如图 4.1 所示，

钳形电流表的使用方法简单，测量电流时只需要将正在运行的待测导线夹入钳形电流表的钳形铁心内，然后读取数显屏或指示盘上的读数即可。现在数字钳形电流表的广泛使用，给钳形表增加了很多万用表的功能，比如可测量电压、温度、电阻等（有时称这类多功能钳形表为钳形万用表，如图 4.1 所示，仪

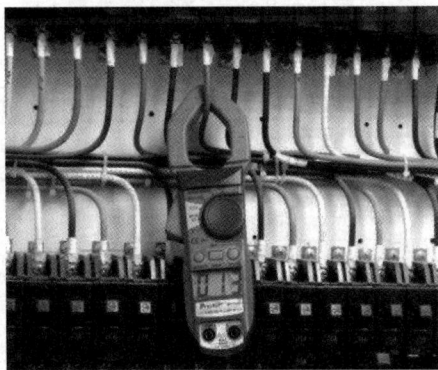

图 4.1 钳形电流表

表上有两个表笔插孔），可通过旋钮选择不同功能，使用方法与一般数字万用表相差无几。一些特有功能按钮的含义可参考对应的说明书。

使用钳形电流表时应注意以下几个问题。

（1）选择合适的量程，不可以用小量程档测量大电流，如果被测电流较小，可将载流导线多绕几个圈放入钳口进行测量，将读数除以绕线圈数后就是实际的电流值。测量完毕后要调整开关在最大量程档位置（或关闭位置），以便下次安全使用。

（2）不要在测量过程中切换量程档。

（3）注意电路上的电压要低于钳形表额定值，不可用钳形电流表去测量高压电路的电流，否则容易造成事故或引起触电危险。首先正确选择钳形电流表的电压等级，检查其外观绝缘是否良好，有无破损，指针是否摆动灵活，钳口有无锈蚀等。然后根据电动机功率估计额定电流，选择表的量程。

钳形表钳口在测量时闭合要紧密，闭合后如有杂音，可打开钳口重合一次，若杂音仍不能消除，应检查磁路上各接合面是否光洁，有尘污时要擦拭干净，钳形电流表外表结构如图 4.2 所示。

钳形表每次只能测量一相导线的电流，被测导线应置于钳形窗口中央，不可以将多相导线都夹入窗口测量。

测量运行中的笼型异步电动机的工作电流。根据电流大小，首先检查判断电动机工作情况是否正常。测量时，可以每相测一次，也可以三相测一次，此时表上数字应为零（因三相电流相量和为零），当钳口内有两根相线时，表上显示数值为第三相的电流值，通过测量各相电流可以判断电动机是否有过载现象（所测电流超过额定电流值），电动机内部或电源电压是否有问题，即三相电流不平衡是否超过 10% 的限度。

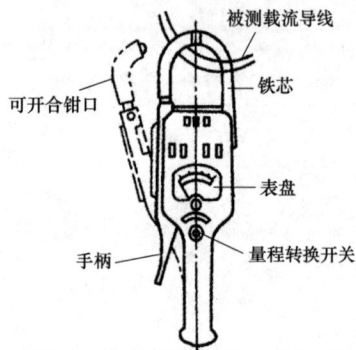

图 4.2 钳形电流表外表结构

钳形电流表主要由电流互感线圈与万用表组成，利用互感线圈产生的感应电流通过万用表读出，如图 4.3 所示。

现以 DT266 型电流钳形表为例，介绍其使用方法。

1. 交流电流测量

（1）将开关旋至 ACA1000A 档。

（2）保持开关处于放松状态。

（3）按下扳机打开钳口，钳住一根导线，如果钳住两根以上，测量无效。

（4）读取数值，如果读数小于 200A，开关旋至 ACA200A 档，以提高准确度。如果因环境条件限制，如暗处无法直接读数，可按下保持键，拿到亮处读数。

2. 交、直流电压测量

（1）测直流电压时，开关旋至 ACA200A 档，测交流电压时，开关旋至 ACV750V 档。

（2）保持开关处于放松状态。

（3）红表笔接 VΩ 端，黑表笔接 COM 端。

（4）红黑表笔并联到被测线路。

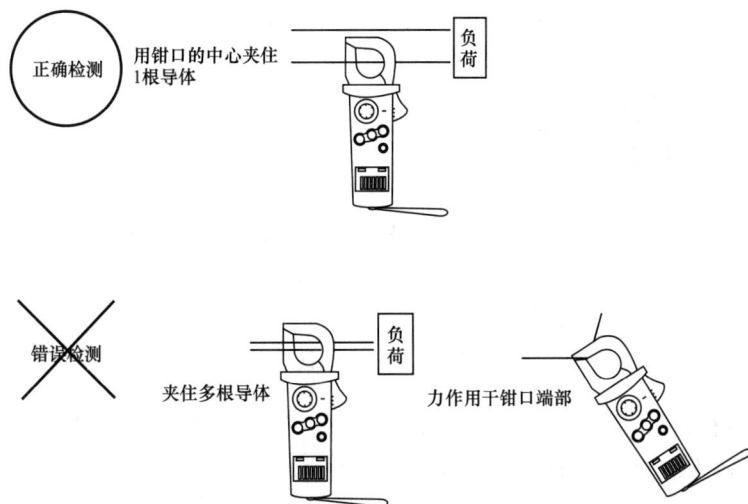

图 4.3 钳形电流表现场测量

3. 电阻测量

（1）开关旋至适当量程的电阻档。

（2）保持开关处于放松状态。

（3）红表笔接 VΩ 端，黑表笔接 COM 端。

（4）红黑表笔分别接被测电阻两端，测在线电阻时，线路应断开电源，与电阻所连的电容应放电。

4. 通断测试

（1）开关旋至蜂鸣档。

（2）红黑表笔分别接 VΩ 端和 COM 端。

（3）如果红黑表笔间的电阻小于（50±25）Ω 时，内置蜂鸣器发声。

5. 高阻测量

（1）将开关旋至 EXTERNALUNIT20MΩ 或 2000MΩ 档。

（2）显示值是不稳定的，处于游离状态。

（3）测试附件 3 个插头插入钳形表的 3 个输入插孔。

（4）钳形表开关，测试附件量程开关均置于 2000MΩ 位置。

（5）测试附件输入端接被测电阻。

（6）测试附件电源置于 ON 位置，按下 PUSH 键，指示灯发亮，这时显示器显示出被测值，如果读数小于 19MΩ，钳形表测试附件的量程均选择 20MΩ 档，以提高准确度。

二、485 故障排查处理

1. 电能计量装置 RS485 通信特性

RS485 用于电能表与采集设备之间通信，如图 4.4 所示，特点如下。

（1）RS485 采用差分信号，双绞线连接，通信可靠。

（2）依据采集对象可设计接入 8、16、32 块电能表。

（3）传输距离为 1200m。

（4）波特率为：600、1200、2400、4800、9600、19200、38400bps。

（5）工业上类似的总线有 CANBUS、PROFIBUS 等。

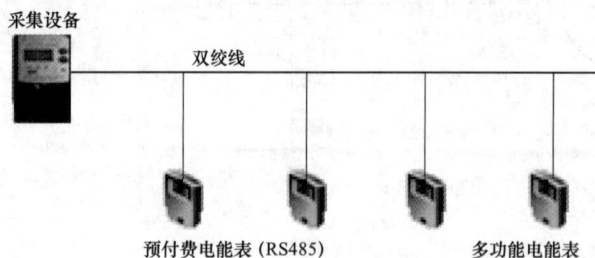

图 4.4 RS485 通信

2. 典型的串行通信标准 RS485 的特性

串行通信标准 RS485 现场接线图，如图 4.5 所示。

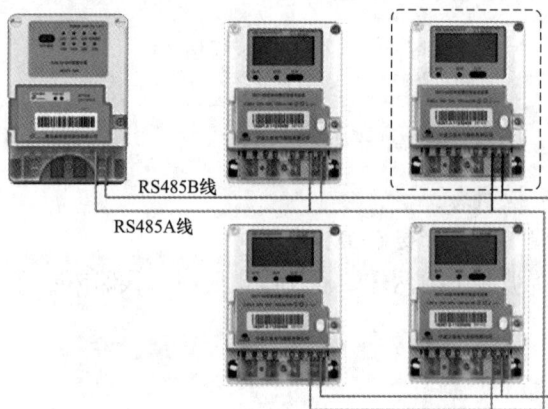

图 4.5 串行通信标准 RS485 现场接线图

（1）RS485 的电气特性为：逻辑"1"以两线间的电压差为+（2～6）V 表示；逻辑"0"以两线间的电压差为-（2～6）V 表示。

（2）RS485 的数据最高传输速率为 10Mbps。

（3）RS485 接口采用平衡驱动器和差分接收器的组合，抗共模干能力增强，即抗噪声干扰性好。

（4）RS485 接口的最大传输距离标准值为 4000 英尺（1 英尺=0.3048m），实际上可达 3000m，另外 RS232-C 接口在总线上只允许连接 1 个收发器，即具有单站能力。而 RS485 接口在总线上允许连接多达 128 个收发器，即具有多站能力，这样用户可以利用单一的 RS485 接口方便地建立起设备网络。

（5）因 RS485 接口具有良好的抗噪声干扰性、长的传输距离和多站能力等优点，其已成为首选的串行接口。因为 RS485 接口组成的半双工网络一般只需 2 根连线，所以 RS485 接口均采用屏蔽双绞线传输。RS485 接口连接器采用 DB-9 的 9 芯插头座，与智能终端连接的 RS485 接口采用 DB-9（孔），与键盘连接的键盘接口 RS485 采用 DB-9（针）。

（6）RS485 编程串口协议只是定义了传输的电压、阻抗等，编程方式和普通的串口编程一样。

三、测量步骤

485 通信线故障排查流程如图 4.6 所示，主要根据电能表与采集终端之间的 RS485 端口电压来判断，RS485A 为+极，RS485B 为-极。

将钳形电流表的电压测量回路保持一致，使用方法与万用表相同。

（1）测试前检查。使用前仔细阅读使用说明书，仪表应在使用有效期内，检查配件是否齐全完好，测试导线导电性能是否良好，测试导线之间绝缘是否良好。

（2）预热。打开电源，将仪表预热 3～5min，以保证测量精度。

（3）档位选择正确。表笔插拔正确，红表笔插"+"或 VΩ 端，黑表笔插"-"或 COM 端。

（4）数据测量。将电压档位打到直流档，测量直流电压数据。

第一步：通断测量

将转换开关打到电阻蜂鸣档，表笔插拔正确，红表笔插"+"或 VΩ 端，黑表笔插"-"或 COM 端，如图 4.7 所示。

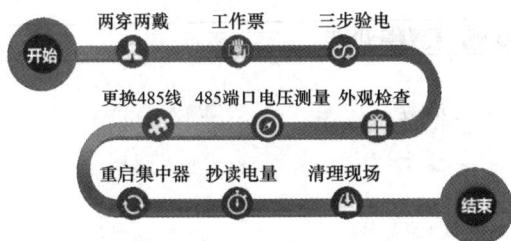

图 4.6　485 通信线故障排查流程图

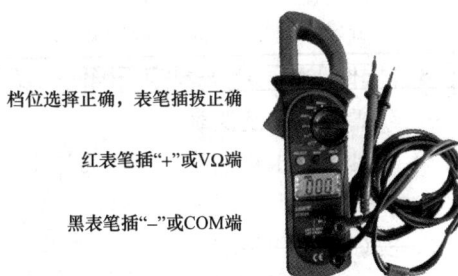

图 4.7　表笔插拔示意图

首先，测量接线是否存在短路、开路或接反。RS485 的 A 端为+极，RS485 的 B 端为-极。红表表笔接触电能表 A 端，黑表表笔接触集中器（采集器）A 端，红表表笔接触电能表 B 端，黑表表笔接触集中器（采集器）B 端，判断是否通路，通路为正常，开路为异常，如图 4.8 所示。

如果存在不通路的异常现象，可以继续测量 AB 和 BA 端子。假设 AA 端子不通，AB 通路，BA 通路，BB 不通，则有可能是极性接反。如果都不通路，则有可能出现了断线故障。

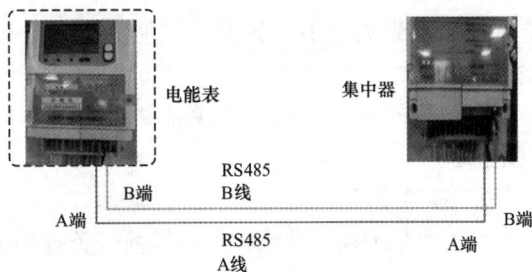

图 4.8　485 故障排查与处理

第二步：测量 RS485 通信的直流电压，进一步判断和验证。将转换开关打到直流电压档位，红表表笔接触电能表 A 端，黑表表笔接触电能表 B 端，先测得电能表的 RS485 的直流电压。再将红表表笔接触集中器（采集器）A 端，黑表表笔接触集中器（采集器）B 端，测得集中器（采集器）的 RS485 的直流电压，如图 4.9 所示。

（1）电能表和集中器（采集器）的电压值相等或相近，符号相同，则正常。

（2）电能表和集中器（采集器）的电压值相等或相近，符号相反，则极性接反。

（3）电能表和集中器（采集器）的电压值不相等，符号相同，则断线。

（4）电能表和集中器（采集器）的电压值相等，符号均为零，则短路。

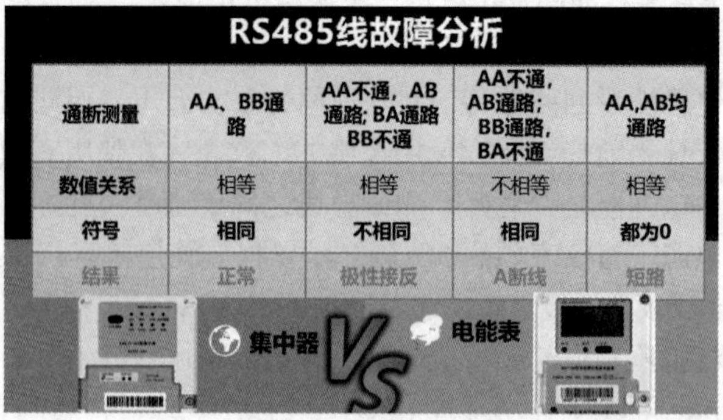

通断测量	AA、BB通路	AA不通，AB通路; BA通路BB不通	AA不通，AB通路; BB通路，BA不通	AA,AB均通路
数值关系	相等	相等	不相等	相等
符号	相同	不相同	相同	都为0
结果	正常	极性接反	A断线	短路

图 4.9　RS485 线故障分析

第三步：测量结束。测试完毕，整理仪表及工器具，档位调至第二路电压 500V，关闭表电源，拆除测试导线，并放入专用箱包中。

【实训操作】钳形电流表的正确使用及 RS485 通信故障处理

一、所需的工具及仪表

（1）工具：低压验电笔、螺丝刀、工作牌、安全帽及绝缘手套等。

（2）仪表：钳形电流表。

二、实训内容和步骤

1. 钳形电流表使用的认识

液晶显示屏用来正确显示所测得数据。在使用仪表前，除了要检查仪表外观是否正常，还要打开电源检查电池是否有电，数据是否显示正常。

功能转换开关分别对应电压测量量程、电流测量量程、电阻量程、蜂鸣档等。无法估算时，应选最大量程，根据测量的数值，选择合适的量程进行测量，以提高测量准确性。量程使用，先大后小。如果量程使用不当，有可能造成测量数据不准确，还可能导致仪表烧坏。

测试线的输入端口，表笔插拔要正确，红表笔插“+”或 VΩ 端，黑表笔插“−”或 COM 端。

2. 操作步骤

（1）测量通断。选量程：将转换开关打到电阻蜂鸣档，红表笔插“+”或 VΩ 端，黑表笔插“−”或 COM 端。

RS485 的 A 端为+极，RS485 的 B 端为−极。红表表笔接触电能表 A 端，黑表表笔接触集中器（采集器）A 端，红表表笔接触电能表 B 端，黑表表笔接触集中器（采集器）B 端，判断是否通路。测量：现场测量时，先接低电位，再接高电位。红高黑低，先低后高。

（2）测量电压。选量程：将转换开关打到直流电压档位，红表笔插“+”或 VΩ 端，黑表笔插“−”或 COM 端。接入电压测试线：红表表笔接触电能表 A 端，黑表表笔接触电能表 B 端，先测得电能表的 RS485 的直流电压。再将红表表笔接触集中器（采集器）表 A 端，黑表表笔接触集中器（采集器）B 端，测得集中器（采集器）的 RS485 的直流电压。

测量：现场测量时，先接低电位，再接高电位。红高黑低，先低后高。

（3）测量数据表。主要是测量通断情况和直流电压，如表 4.1 和表 4.2 所示。

表 4.1 测 量 断 路

蜂鸣档通断测试		
电能表	集中器（采集器）	结果
A	A	
B	B	
A	B	
B	A	

表 4.2 测 量 直 流 电 压

电压/V			
电能表		集中器（采集器）	
AB		AB	

三、钳形电流表使用注意事项

（1）测量前，要进行验电操作。

（2）使用仪表进行测量时，量程要先大后小进行换档。

（3）在进行通断测量、电压测量换档时，先关电源，再进行转换。

（4）测试线，要注意颜色，一般情况是红高黑低，先低后高。

四、评分表

钳形电流表的正确使用及 RS485 通信数据测量评分标准如表 4.3 所示。

表 4.3 钳形电流表的正确使用及 RS485 通信数据测量评分标准

项目	钳形电流表的正确使用及 RS485 通信数据测量			姓名：		学号：
序号	评分类别	质量要求	配分	评分标准		得分
1	着装、工器具及材料准备要求	1. 戴安全帽、穿工作服及绝缘鞋	10	未戴安全帽、未穿工作服及绝缘鞋不得进入实训场地，每样扣 3 分		
		2. 所有工器具、材料准备齐全		工器具不齐全，每样扣 3 分		
		3. 正确使用各种工器具，不发生掉落及损坏现象		工器具使用不正确，发生掉落及损坏现象，量程使用不当等，每样扣 3 分		
2	验电	1. 工作前、后均视为验电（器）笔良好	10	验电前触摸到柜体金属部分，未使用验电笔（器）对柜体金属部分进行验电或戴手套验电，每样扣 5 分		
		2. 使用验电笔（器）对柜体金属部分进行验电				

续表

序号	评分类别	质量要求	配分	评分标准	得分
3	仪表、工具使用	正确使用仪表、工具	30	仪器、仪表使用不当（如档位使用错误、带电切换档位等），每处扣 3 分	
				出现仪表掉落，每次扣 3 分	
				工器具的绝缘措施不符合要求，每样扣 3 分	
				操作过程中工器具、端钮盒盖等每掉落一次扣 2 分	
4	故障处理	1. 数据测试	40	数据测试正确，单位等书写正确，每样不正确扣 1 分	
		2. 故障判断		正确判断故障，每样不正确扣 1 分	
		3. 故障分析		分析故障的正确位置，每样不正确扣 1 分	
		4. 故障处理		根据分析数据，现场进行故障处理，每样不正确扣 2 分	
5	操作要求	1. 在正确的位置处操作	10	在正确的位置处操作、测试，每样不正确扣 3 分	
		2. 测试异常		因自己的操作错误导致装置出现异常，每样不正确扣 5 分	
6	考试时间要求	在规定时间内完成		在规定时间内完成不扣分，每超过 5min（含 5min 之内），从总分中倒扣 3 分，但不超过扣 10 分	
7	其他要求	工作结束后，应清理工作现场，满足安全、文明生产要求		未清理现场，从总分倒扣 5 分，违反安全及文明生产规定，从总分倒扣 10 分	
总分					

任务二　计量故障排查与处理

【教学目标】

知识目标

（1）掌握计量故障的检测方法。

（2）掌握相量图故障分析法。

（3）掌握计量故障的各种类型。

能力目标

（1）熟练使用相位伏安表诊断三相四线电能计量装置的各类故障。

（2）熟练使用相位伏安表诊断三相三线电能计量装置的各类故障。

（3）熟练完成对三相四线电能计量装置的故障进行现场更正处理。

（4）熟练完成对三相三线电能计量装置相量图进行现场更正处理。

态度目标

（1）自主学习，独立思考。

（2）学习过程中遇到问题，分析分问题并解决问题。

（3）有团队精神，共同讨论，共同完成任务。

（4）遵守安规，爱岗敬业。

一、相序、相量与相位概念

1. 相序

目前，世界各国的电力系统中电能的生产、传输和供电方式大多数都采用三相制。三相电力系统由三相电源、三相负载和三相输电线路三部分组成。对称三相电源是由三个幅值相等、频率相同、初相位依次相差 120°的正弦电压源经星形（Y）或三角形（△）连接而组成的电源。这三个电源依次称为 A 相、B 相和 C 相。三相电压的排列次序称为相序。当三相电压按顺时针排列时，称为正相序。反之，当三相电压按逆时针排列时，称为逆相序。三相电压相序排列见表 4.4 所示。

表 4.4   三相电压相序排列表

正相序	ABC	BCA	CAB
逆相序	ACB	CBA	BAC

2. 相量

正弦交流电路中，电压、电流可以用复指数函数的形式来描述，包括复值常数和一个随时间变化的旋转因子两部分。其中的复值常数定义为正弦量的相量。例如电流相量记为 $\dot{I}$：

$$\dot{I} = Ie^{j\varphi} = I\angle\varphi$$

为与普通复数相区别，字母 I 上加一个小圆点用来表示相量。其中，I 表示电流的大小，φ 表示它与参考相量的夹角，即初相位。电力系统中除电流外，电压、磁通等均可用相量表示。相量是一个复数，它在复平面上的图形称为相量图。

3. 相位

在正弦交流电路中，正弦电流可表示为 $i=I_m\cos(\omega t+\varphi_i)$，其中的三个常数 I_m、ω、φ_i 称为正弦量的三要素。其中，随时间变化的角度$(\omega t+\varphi_i)$称为正弦量的相位或称相角。φ_i 为 $t=0$ 时的相位，称为初相角。两个同频正弦量的相位之差称为相位差，也可表示为两同频正弦量的初相位之差。在相量图中，表现为两个相量之间的夹角。电路常采用"超前"和"滞后"来说明两个同频正弦量相位比较的结果。

二、相量图法

电能计量装置故障诊断检查一般分为停电诊断检查和带电诊断检查。

停电诊断检查是对新装或更换互感器以及二次回路后的计量装置，投入运行前在停电的情况下进行的接线检查，主要内容包括电流互感器变比和极性检查、二次回路接线通断检查、接线端子标识核对电能表接线检查等。

带电诊断检查是电能计量装置投入使用后的整组检查，运行中的低压电能计量装置根据需要也可进行带电检查，以保证接线的正确性。带电检查的方法有瓦秒法、逐相检查法、电压电流法、相量图法及综合分析法等。

以相量图法对电能计量装置接线检查为例：相量图法是指根据现场采集的电能计量装置有关参数绘制相量图，即通过测量电能表的各电压、电流及各电压、电流之间的相位差角，作出相量图来分析判断电能计量装置错误接线的一种方法。分析判断电能计量装置错误接线及故障应遵守的"三符合原则"和电压电流间的"随相关系"，据此能快速准确地得出结论，极大地简化了繁琐的分析过程。

三符合原则：各电压相量间和各电流相量间的相位关系分别"符合正相序 ABC"；同相电压与电流相量间的相位差分别"符合随相关系"；各相量之间的角度关系"符合正常情况"。

随相关系：若某一电压与电流之间的相位差等于功率因数角 φ，则称该对电压电流为正随相关系；若某一电压与电流之间的反相量之间的相位差等于功率因数角 φ，则称该对电压电流为反随相关系。

三、三相四线电能计量装置故障诊断与分析

经互感器接线的三相四线有功电能表有 10 个接线端。正确接线时，2、5、8 和 10 端分别接电压线 A、B、C 及 N；1、3 端分别接 A 相电流进出线，4、6 端分别接 B 相电流进出线，7、9 端分别接 C 相电流进出线，如图 4.10 所示。

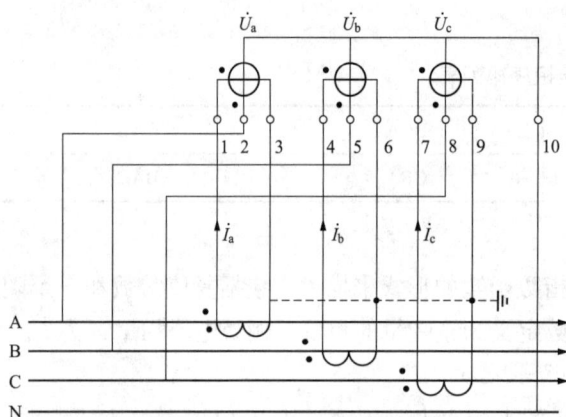

图 4.10　三相四线有功电能表经互感器正确接线

三相四线计量装置故障诊断与分析步骤如下。

（1）测量各线电压、相电压：用钳形相位伏安表（交流电压档）测量电能表电压接线端（2、5、8 端）各两端之间的线电压 U_{12}、U_{23}、U_{31}，各数值若基本相等（约为 380V）则说明 TV 接线正确，若为零或相差较大则说明电压回路中存在断路或接错相故障。再分别测 2、5、8 端与 10 端之间的相电压，正确接线时，各数值若基本相等，约为 220V，如图 4.11 所示。

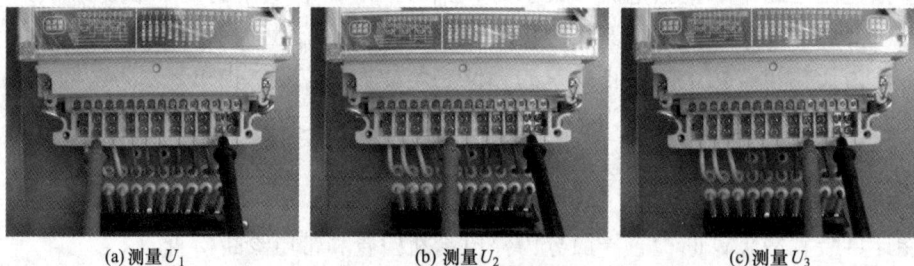

(a) 测量 U_1　　　　(b) 测量 U_2　　　　(c) 测量 U_3

图 4.11　测量相电压

（2）测量各二次电流：用钳形相位伏安表（交流电流档）分别测量流入电能表元件 1、元件 2、元件 3 的电流 I_1、I_2、I_3，正常接线时，三者数值基本相等。三者中若有为零的，则

说明该相 TA 二次断线或者短路，如图 4.12 所示。

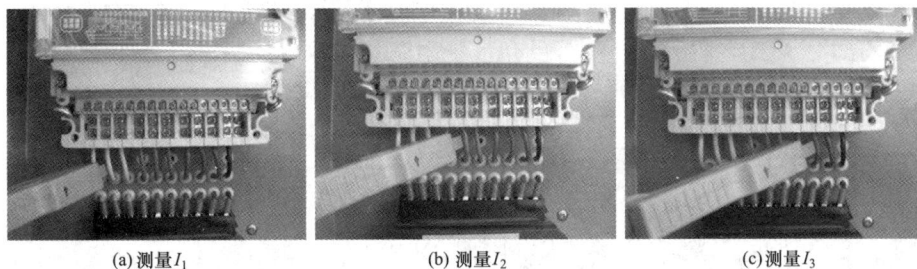

(a) 测量I_1 (b) 测量I_2 (c) 测量I_3

图 4.12   测量相电流

（3）判断基准电压：测量三相电压与参考电压 U_a 的值，用钳形相位伏安表（交流电压档）测量电能表电压接线端（2、5、8 端）与基准电压端（这里为 A 相电压）的线电压 U_{1a}、U_{2a}、U_{3a}，若数值为 0，则说明该元件电压相为 A 相，如图 4.13 所示。

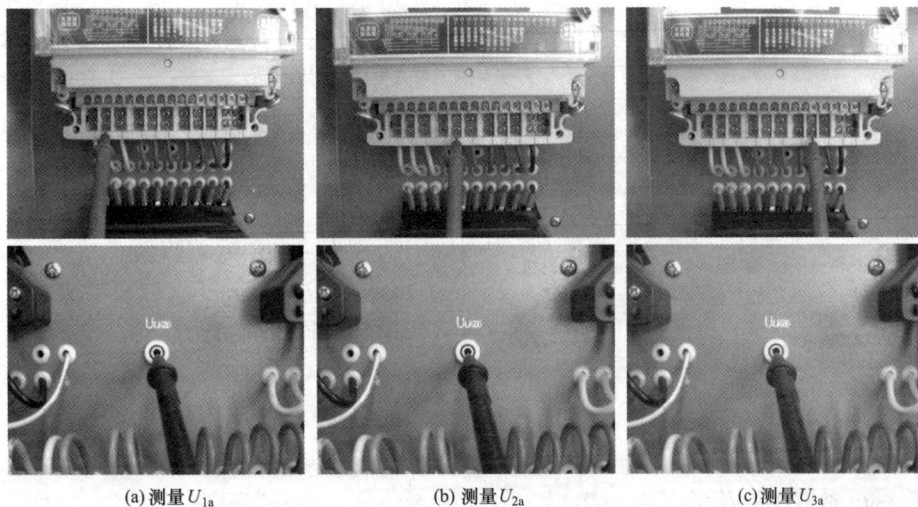

(a) 测量U_{1a} (b) 测量U_{2a} (c) 测量U_{3a}

图 4.13   测量基准电压

（4）测定电压相序：用钳形相位伏安表（相位档）测量电能表电压接线端（2、5、10 端）U_{10} 与 U_{20} 的相位差，判断表尾电压相序的正或逆。表笔电压测量线按颜色对应接入电压 U_1 和 U_2 插口，选择第Ⅰ路电压 U_1 插口测量 U_{10}，选择第Ⅱ路电压 U_2 插口测量 U_{20}。若测量的相位差为 120°，则电压为正相序；若测量的相位差为 240°，则电压为逆相序，如图 4.14 所示。

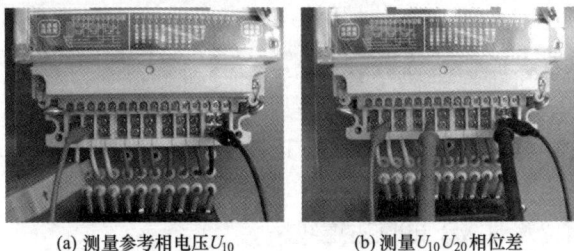

(a) 测量参考相电压U_{10} (b) 测量U_{10} U_{20}相位差

图 4.14   测定电压相序

（5）测量电压与电流的相位差：用钳形相位伏安表（相位档）测量电能表电压接线端（2、10端）和流入电能表元件1、元件2、元件3的电流I_1、I_2、I_3之间U_1I_1、U_1I_2、U_1I_3的相位差，确定电流I_1、I_2、I_3滞后于电压U_1的角度，如图4.15所示。

(a) 测量U_1I_1相位差　(b) 测量U_1I_2相位差　(c) 测量U_1I_3相位差

图4.15　测量电压电流相位差

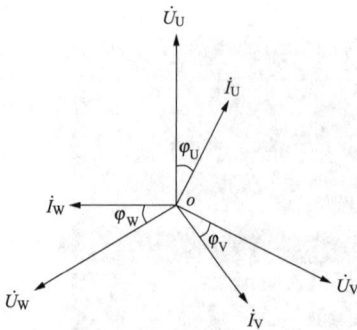

图4.16　三相四线有功电能表感性负载时的相量图

（6）整理工器具：测试完毕，将相位伏安表电压线、电流线整理好，关闭相位伏安表电源，档位调至初始档位，放入表箱中，工器具规范摆放。

（7）画相量图，诊断电能计量故障：根据上述测量结果，画出相量图分析诊断计量装置的计量故障，如图4.16所示。

三相四线电能表正确功率表达式为

$$P_0=U_aI_a\cos\varphi_a+U_bI_b\cos\varphi_b+U_cI_c\cos\varphi_c=3UI\cos\varphi$$

当三相负荷完全对称时：$U_a=U_b=U_c=U$、$I_a=I_b=I_c=I$、$\varphi_a=\varphi_b=\varphi_c=\varphi$。

三相四线电能表实际接线时功率表达式为

$$P_1=U_1I_1\cos\varphi_1+U_2I_2\cos\varphi_2+U_3I_3\cos\varphi_3$$

计算更正系数为：$K=P_0/P_1$

更正电能表表尾正确接线如下。

（1）电能表错误接线端子排列：（填写实际接线电压、电流接入情况）

1	2	3	4	5	6	7	8	9	10
O	O	O	O	O	O	O	O	O	O

（2）更正后的接线端子排列：（只能填写序号）

1	2	3	4	5	6	7	8	9	10
O	O	O	O	O	O	O	O	O	O

测量过程中相位伏安表操作注意事项如下。

（1）观察表内电池（屏显出现电池符号需更换）。

（2）测量前先进行相位满度校准（360°±1°）。

（3）测量过程中禁止带电调档。

（4）测量两电压相位差时拔下电流钳连线。

（5）测量电压与电流相位差时注意电流钳方向标示。

四、三相三线电能计量装置故障诊断与分析

经互感器接线的三相三线有功电能表有 7 个接线端（相比三相四线有功电能表缺少 4、6、10 三个接线端）。正确接线时，2、5 和 8 端分别接电压线 A、B、C；1、3 端分别接 A 相电流进出线，7、9 端分别接 C 相电流进出线，如图 4.17 所示。

图 4.17　三相三线有功电能表经互感器正确接线

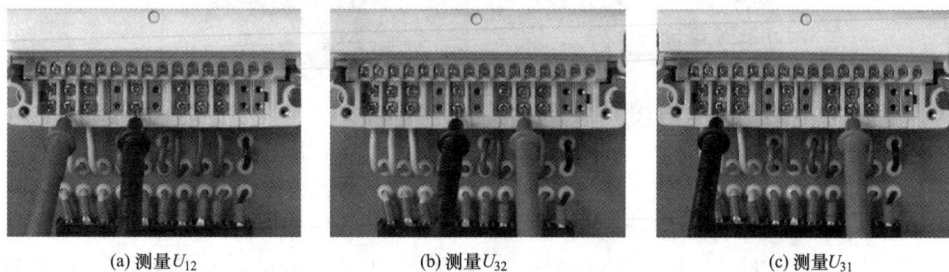

三相三线计量装置故障诊断和分析步骤如下。

（1）测量各线电压、相电压：用钳形相位伏安表（交流电压档）测量电能表电压接线端（2、5、8 端）各两端之间的线电压 U_{12}、U_{32}、U_{31}，各数值若基本相等（约为 100V）则说明 TV 接线正确，若为零或相差较大则说明电压回路中存在断路或接错相故障，如图 4.18 所示。

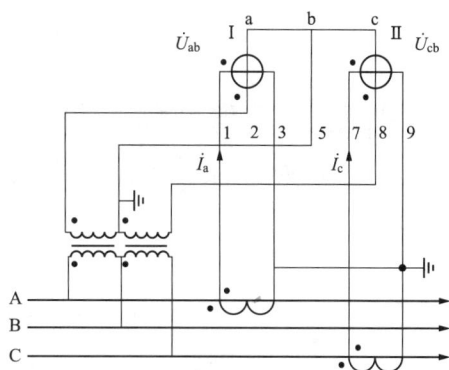

(a) 测量 U_{12}　　　　(b) 测量 U_{32}　　　　(c) 测量 U_{31}

图 4.18　测量线电压

（2）测量各二次电流：用钳形相位伏安表（交流电流档）分别测量流入电能表元件 1、元件 2 的电流 I_1、I_2，正常接线时，两者数值基本相等。两者中若有为零的，则说明该相 TA 二次断线或者短路，如图 4.19 所示。

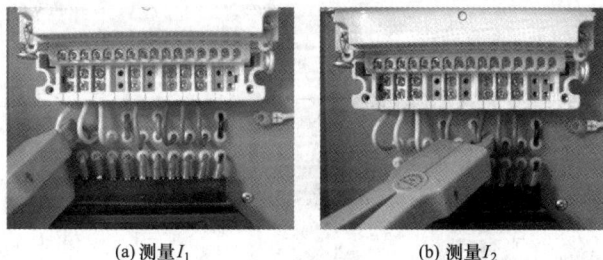

(a) 测量 I_1　　　　(b) 测量 I_2

图 4.19　测量两元件电流

（3）判断基准相 b 相电压：测量三相电压对地电压 U_{10}、U_{20}、U_{30} 的值，用钳形相位伏安表（交流电压档）测量电能表电压接线端（2、5、8 端）与接地电压端的电压 U_{10}、U_{20}、U_{30}，若数值为 0，则说明该相电压相为 b 相，如图 4.20 所示。

（4）测定电压相序：用钳形相位伏安表（相位档）测量电能表电压接线端（2、5、8 端）U_{12} 与 U_{32} 的相位差，判断表尾电压相序的正或逆。表笔电压测量线按颜色对应接入电压 U_1 和 U_2 插口，选择第 I 路电压 U_1 插口测量 U_{12}，选择第 II 路电压 U_2 插口测量 U_{32}。若测量的相

位差为 300°，则电压为正相序；若测量的相位差为 60°，则电压为逆相序，如图 4.21 所示。

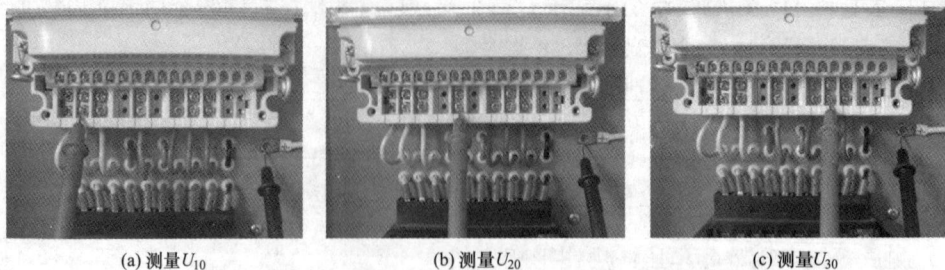

(a) 测量 U_{10} 　　　(b) 测量 U_{20} 　　　(c) 测量 U_{30}

图 4.20　测量基准相 b 相电压

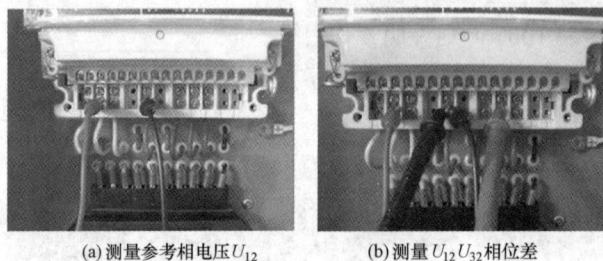

(a) 测量参考相电压 U_{12} 　　　(b) 测量 $U_{12}U_{32}$ 相位差

图 4.21　测定电压相序

（5）测量电压与电流的相位差：用钳形相位伏安表（相位档）测量电能表电压接线端（2、5 端）和流入电能表元件 1、元件 2 的电流 I_1、I_2 之间 $U_{12}I_1$、$U_{12}I_2$ 的相位差，确定电流 I_1、I_2 滞后于电压 U_{12} 的角度，如图 4.22 所示。

（6）整理工器具：测试完毕，将相位伏安表电压线、电流线整理好，关闭相位伏安表电源，档位调至初始档位，放入表箱中，工器具规范摆放。

（7）画相量图，诊断电能计量故障：根据上述测量结果，画出相量图分析诊断计量装置的计量故障，如图 4.23 所示。

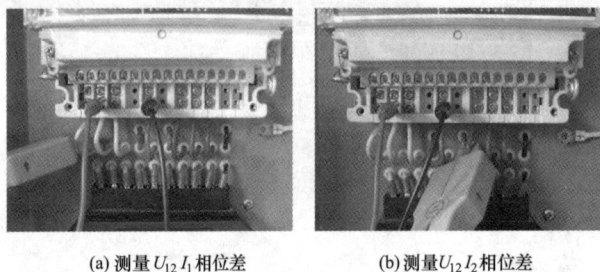

(a) 测量 $U_{12}I_1$ 相位差 　　　(b) 测量 $U_{12}I_2$ 相位差

图 4.22　测量电压电流相位差

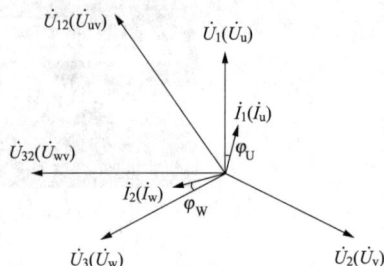

图 4.23　三相三线电能表在感性负载时的相量图

三相三线电能表功率表达式为

$$P_0 = U_{ab}I_a\cos(30° + \varphi) + U_{cb}I_c\cos(30° - \varphi)$$
$$= UI(\cos30°\cos\varphi - \sin30°\sin\varphi + \cos30°\cos\varphi + \sin30°\sin\varphi)$$
$$= 2UI\cos30°\cos\varphi$$
$$= UI\cos\varphi$$

当三相负荷完全对称时：$U_{ab}=U_{cb}=U$、$I_a=I_c=I$、$\varphi_a=\varphi_b=\varphi$。

三相三线电能表实际接线时功率表达式为

$$P_1=U_{12}I_1\cos(30°+\varphi)+U_{32}I_2\cos(30°-\varphi)$$

计算更正系数为

$$K=P_0/P_1$$

更正电能表表尾正确接线如下。

（1）电能表故障接线端子排列：（填写实际接线电压、电流接入情况）

1	2	3	4	5	6	7	8	9	10
○	○	○	⊗	○	⊗	○	○	○	⊗

（2）更正后的接线端子排列：（只能填写序号）

1	2	3	4	5	6	7	8	9	10
○	○	○	⊗	○	⊗	○	○	○	⊗

【实训操作】电能计量装置故障诊断分析与更正处理

一、所需的工具及仪表

（1）工具：低压验电笔、螺丝刀、工作牌、安全帽及绝缘手套等。

（2）仪表：MG2000 手持式双钳相位伏安表。

二、工作前准备

（1）办理工作许可手续。根据"安全管理"有关规定办理工作许可手续，做好现场安全措施。按要求规范着装，戴安全帽，穿棉质工作服，穿绝缘鞋，戴棉质线手套。

（2）现场直观检查。观察客户进户接线是否正常，排除私拉乱接等不规范用电，了解客户实际负荷情况，以核对电能表运行状况。

（3）电能计量装置箱外观及铅封检查。检查电能表外观是否完好，铅封数量印迹等是否完好，核对铅封标记与原始记录是否一致，做好现场记录，排除人为破坏和窃电。

（4）电能计量装置箱内铅封及接线检查。检查电能表进出线排列是否正确，检查接线有无松动、发热、锈蚀、炭化等现象，检查电能表接线盒封印是否完好，并详细记录异常现象及封印数量、印痕质量等。

（5）电能表接线盒内检查。检查电能表电压连片及接线端子螺丝有无松动等现象，进出线有无短路过桥等异常现象。

（6）电能表运行状态及功能记录检查。对电子式电能表，观察电能表脉冲闪烁频率，还应检查有无异常报警信息，有压、失压及失流记录、电能表当前运行时段、日历时钟、电量示数等信息。

三、现场作业步骤及标准

（1）用相位伏安表在电能表接线端子测量电能表电压、电流、相位角，将测量数据填入表 4.5 或者表 4.6。

（2）根据测量数据判断电压相序。

（3）画相量图，判断各元件的接线情况。

（4）计算实际接线时的功率、更正系数，得出结论。

（5）更正电能表表尾正确接线。

表 4.5　　　　　　　三相四线电能计量装置计量故障诊断分析表

测量期间 φ 角范围：现场提供（感性）　记录员：＿＿＿＿＿　记录时间＿＿＿＿＿

一、客户信息

用户名：　　　　　　　　　　　　　　户号：

电能表型号：　　　　　　　　　　　　表号：

常数：

倍率：　　　　　　　　　　　　厂家：

二、现场实际运行参数

1．电压：$U_{1n}=$＿＿＿＿＿　　　$U_{2n}=$＿＿＿＿＿　　　$U_{3n}=$＿＿＿＿＿

　　　　$U_{12}=$＿＿＿＿＿　　　$U_{23}=$＿＿＿＿＿　　　$U_{31}=$＿＿＿＿＿

2．电流：$I_1=$＿＿＿＿＿　　　　$I_2=$＿＿＿＿＿　　　　$I_3=$＿＿＿＿＿

3．相位角：$\widehat{U_{1n}I_1}=$　　　$\widehat{U_{1n}I_2}=$　　　$\widehat{U_{1n}I_3}=$　　　$\widehat{U_{1n}I_2}=$

4．电压相序：正　　　逆

三、分析判断实际接线方式

1．实际接线时的相量图

2．实际接线组别

第一元件：电压＿＿＿＿＿＿＿＿电流＿＿＿＿＿＿＿＿

第二元件：电压＿＿＿＿＿＿＿＿电流＿＿＿＿＿＿＿＿

第三元件：电压＿＿＿＿＿＿＿＿电流＿＿＿＿＿＿＿＿

四、实际接线时的功率（化简到最简式）

$P_1=$

$P_2=$

$P_3=$

$P=$

五、计算更正系数（化简要求有计算过程）

六、更正电能表表尾正确接线

（1）电能表故障接线端子排列：（填写实际接线电压、电流接入情况）

1	2	3	4	5	6	7	8	9	10
○	○	○	○	○	○	○	○	○	○

（2）更正后的接线端子排列：（只能填写序号）

1	2	3	4	5	6	7	8	9	10
○	○	○	○	○	○	○	○	○	○

表 4.6　　　　　　　　　　　　三相三线电能计量装置计量故障诊断分析表

测量期间 φ 角范围：<u>现场提供（感性）</u>　记录员：_____　记录时间

一、客户信息

用户名：　　　　　　　　　　　　　　户号：

电能表型号：　　　　　　　　　　　　表号：

常数：

倍率：　　　　　　　　　　　　　　　厂家：

二、现场实际运行参数

1．电压：$U_{12}=$_____　　　　$U_{23}=$_____　　　　$U_{31}=$_____

　　　　　$U_{10}=$_____　　　　$U_{20}=$_____　　　　$U_{30}=$_____

2．电流：$I_1=$_____　　　　　$I_2=$_____

3．相位角：$\widehat{U_{12}I_1}=$　　　　$\widehat{U_{32}I_2}=$　　　　$\widehat{U_{12}I_{32}}=$

4．电压相序：　正　　　　逆　　　___　　___

三、分析判断实际接线方式

1．实际接线时的相量图

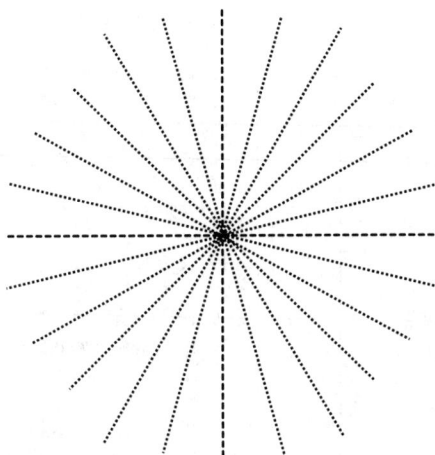

2．实际接线组别

第一元件：电压_____电流_____

第二元件：电压_____电流_____

四、实际接线时的功率（化简到最简式）

$P_1=$

$P_2=$

$P=$

五、计算更正系数（化简要求有计算过程）

六、画出实际接线图

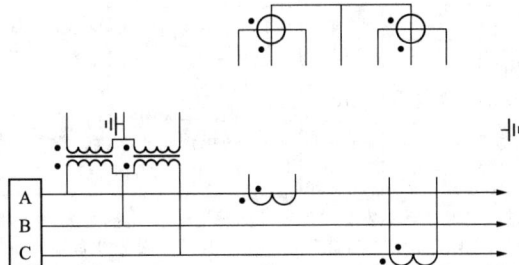

七、更正电能表表尾正确接线

（1）电能表故障接线端子排列：（填写实际接线电压、电流接入情况）

1	2	3	4	5	6	7	8	9	10
○	○	○	○	○	○	○	○	○	⊗

（2）更正后的接线端子排列：（只能填写序号）

1	2	3	4	5	6	7	8	9	10
○	○	○	⊗	○	○	⊗	○	○	⊗

四、评分表

计量故障排查与处理评分标准如表 4.7 所示。

表 4.7 计量故障排查与处理评分标准

姓名			工位号		
考核方式			实际操作		
说明		1. 本项目为 3 人操作项目。2. 操作时限为 20 分钟，时间一到，停止工作。3. 剩余 5 分钟时，裁判提醒参赛队员一次。4. 本评分表采用扣分制，每项扣分扣完本项得分为止			
序号	项目名称	质量要求	分值	评分标准	扣减分	扣减分原因
1	着装	穿工作服、绝缘鞋，戴安全帽、棉线手套	10	着装不符合要求每项扣 2 分		
2	验电	采用三步验电法	20	1. 验电前触摸到柜体金属部分的扣 3 分； 2. 戴手套验电扣 3 分； 3. 对三个作业面分别验电，少验一面扣 3 分； 4. 在台体金属裸露处验电，验电位置不正确每处扣 3 分； 5. 三步验电方法不正确扣 6 分		
3	仪表、工器具使用	1. 正确检查仪表； 2. 正确使用仪表、工器具	20	1. 仪表未检查扣 3 分； 2. 仪器、仪表使用不当每次扣 5 分（如档位使用错误、带电测电阻）； 3. 仪表掉落一次扣 5 分； 4. 工器具的绝缘不符合要求每件扣 3 分； 5. 操作过程中工器具、端钮盒盖每掉落一次扣 3 分		
4	故障排查过程	正确进行故障排查及更正	40	1. 测量电流、电压、相位等参数错误，每处扣 2 分； 2. 正确画出相量图，不正确扣 10 分； 3. 电压和电流相序判断错误，每次扣 5 分； 4. 未更正电能表表尾正确接线，每处扣 5 分		
5	清理现场	1. 正确加装封印； 2. 清理现场，恢复原状	10	1. 计量箱门未施封，扣 2 分，电能表及采集终端表尾盖未恢复原状，每个扣 1 分； 2. 柜门未关闭，扣 2 分； 3. 现场遗留工器具、设备、材料扣 2 分，未清理扣 4 分		
6	安全、秩序			1. 竞赛过程出现严重不安全现象者（如发生电压回路短路、电流回路开路），裁判可予以制止，报告裁判长，并扣 10 分；如发生危及人身安全的行为时，裁判应立即终止竞赛，经上报裁判长批准后，可取消参赛队该项目参赛资格； 2. 带电作业时未戴手套扣 5 分； 3. 选手不服从裁决，不听指挥，裁判可提出警告，不听警告者，报告裁判长取消竞赛资格； 4. 选手扰乱他人竞赛，裁判可提出警告，并报告裁判长裁决，做出相应处理		

序号	项目名称	质量要求	分值	评分标准	扣减分	扣减分原因
7	操作时间 （记录到秒）			前六项得分		
8	速度标准分10分	1. 在规定时间内，正确完成全部故障数量查找及处理的选手第一个交卷的选手，得标准分； 　　2. 其他选手速度分计算=标准分×（正确完成全部故障数量查找及处理最快的选手用时/正确完成全部故障数量查找及处理的选手用时）； 　　注：结果保留1位小数。 　　未正确完成全部故障数量查找及处理的选手不得速度分				

裁判：　　　　　　　　　　　　　　　　　　　　日期：　　　年　　月　　日

任务三　参数故障排查处理

【教学目标】

知识目标

（1）掌握保证安全的组织措施和技术措施。

（2）掌握电网智能融合终端参数设置与调试步骤。

（3）掌握电网智能融合终端参数故障排查与处理流程。

（4）掌握终端数据点抄的方法与步骤。

能力目标

（1）能对接1+X岗位达标标准和电力行业技能大赛达标技能标准。

（2）能设置智能终端参数故障。

（3）能完成现场终端参数故障排查与处理。

（4）能成功点抄到现场电能表及终端数据。

态度目标

（1）具备严守规程的安全用电理念。

（2）具备数字荷效的大数据低碳理念。

（3）具备工程实施和工程运维意识。

（4）树立一流企业、一流服务的岗位理念。

一、集中器的要求与功能配置

集中器是指收集各采集终端或电能表的数据，并进行处理储存，同时能和主站或手持设备进行数据交换的设备。

集中器应具备的技术要求有：集中器应使用交流三相四线供电，三相四线供电时在断一相或两相电压的条件下，交流电源应能维持集中器正常工作和通信；集中器供电电源中断后，应有措施至少保持数据和时钟一个月，电源恢复时，保存数据不丢失，内部时钟正常运行。集中器功能配置如表4.8所示。

表4.8　　　　　　　　　　　　集 中 器 功 能 配 置

序号	项　　目		集中器	
			必备	选配
1	数据采集	电能表数据采集	√	
		状态量采集		√
		交流模拟量采集		√
		直流模拟量采集		√
2	数据管理和存储	实时和当前数据	√	
		历史日数据	√	
		历史月数据	√	
		重点用户采集	√	
		电能表运行状况监测		√
		公变电能计量		√
3	参数设置和查询	时钟召测和对时	√	
		终端参数	√	
		抄表参数	√	
		其他（限值、预付费等）参数	√	
4	事件记录	重要事件记录	√	
		一般事件记录	√	
5	数据传输	与主站（或集中器）通信	√	
		中继（路由）	√	
		级联		√
		数据转发（通信转换）	√	
6	本地功能	运行状态指示	√	
		本地维护接口	√	
		本地扩展接口		√
7	终端维护	自检自恢复	√	
		终端初始化	√	
		软件远程下载	√	
		断点续传	√	

二、集中器故障排查处理

1. 集中器分类

集中器按功能分为交采型和非交采型两种。集中器类型标识代码分类说明见表4.9。

2. 集中器显示

集中器均采用宽温型液晶进行显示，统一要求为灰底黑字。背光是一种照明的形式，当用户操作集中器时，集中器的显示屏能发出背光，以便更清晰地显示内容，背光的颜色统一为白色。对比度是液晶显示器的一个重要参数，在合理的亮度值下，对比度越高，其所能显示的色彩层次越丰富。显示屏选用 160×160 点阵屏。

表 4.9 集中器类型标识代码分类说明

DJ	×	×	2	×	-××××
终端分类	上行通信信道	I/O 配置/下行通信信道		温度级别	产品代号
DJ—低压集中器	W—230MHz 专网；G—无线 G 网；C—无线 C 网；J—微功率无线；Z—电力线载波；L—有线网络；P—公共交换电话网；T—其他	下行通信信道：J—微功率无线；Z—电力线载波；L—有线网络	1～9—1～9 路电能表接口；A～W—10～32 路电能表接口	1—C1 2—C2 3—C3 4—C×	由不大于 8 位的英文字母和数字组成。英文字母可由生产企业名称拼音简称表示，数字代表产品设计序号

（1）显示内容。顶层显示状态栏：显示固定的一些参数（不参与翻屏轮显），如通信方式、信号强度、异常告警等。主显示画面：主要显示翻屏数据，如瞬时功率、电压、电流、功率因数等内容。底层显示状态栏：显示集中器运行状态，如任务执行状态、与主站通信状态等。

（2）菜单规范说明。集中器显示分成三类：轮显模式、按键查询模式、按键设置模式。其中按键查询模式和按键设置模式需要操作人员按键操作。

各个模式的功能说明如下。

1）轮显模式。集中器在默认情况下，可按选择的内容逐屏轮显，轮显屏数最多为 15 屏，轮显周期值为 8s。默认显示内容为：当前功率、电压、电流、功率因数、电量等（显示一次值或二次值，可设置）。并且可按要求在主站或现场更改显示方式、显示内容和屏蔽相关内容。

2）按键查询模式。当集中器处于轮显模式时，按任意键可以进入主菜单；然后按相应的查询按键可进入查询模式。当处于按键查询模式时，可通过按键操作进行翻屏，显示所有未被屏蔽的内容。停止按键 1min 后，集中器恢复原显示模式。

3）按键设置模式。当集中器处于轮显模式时，按任意键可以进入主菜单；然后按照设置按键进入设置模式。当处于按键设置模式时，可设置与主站通信参数、测量点运行参数、密码、时间等参数。停止按键 1min 后，集中器恢复原显示模式。

【实训操作】调试抄表（本地通信参数设置）

一、所需的工具及仪表

（1）工具：低压验电笔、螺丝刀、工作牌、安全帽及绝缘手套等。

（2）仪表：钳形电流表。

二、实训内容和步骤

本地通信参数设置与查看的流程步骤，如表 4.10 所示。

三、评分表

参数故障排查处理评分标准如表 4.11 所示。

表 4.10 本地通信参数设置与查看的流程步骤

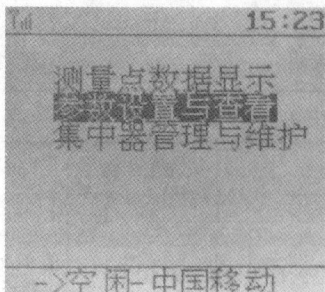	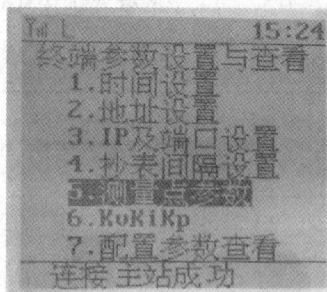
1．单击确认参数设置与查看	2．单击测量点参数
	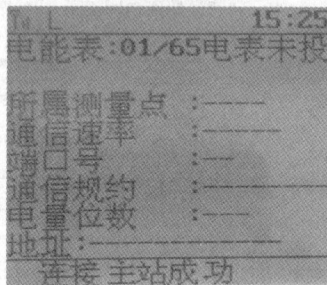
3．进入所属测量点	4．所属测量点 集中器：0001 考核表：0002 户表：17 及以上
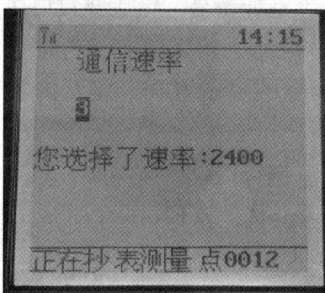	
5．选择通信速率	6．端口号 02：通过 485 线采集表 31：通过载波方式采集表
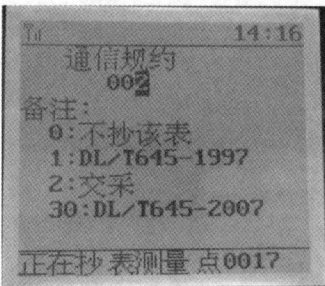	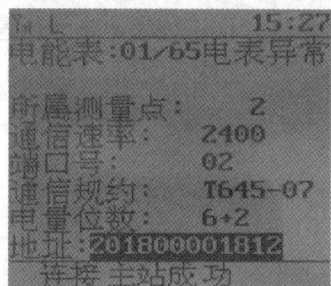
7．根据电能表规约选取	8．编辑电能表逻辑地址

表 4.11　　　　　　　　　　　参数故障排查处理评分标准

考核项目	参数故障排查处理
任务描述	完成集中器本地抄表失败故障处理，故障处理完成后利用集中器成功采集一块主电能表示值（RS485 方式）和两块户表电能表示值（载波方式）
考核要点及其要求	1. 集中器本地抄表失败故障处理； 2. 集中器成功采集一块主电能表示值（RS485 方式）和两块户表电能表示值（载波方式）
考核对象	供用电服务班中级
场地、设备、工具和材料	用电采集模拟盘、电能表、集中器、万用表、安全工器具、备用的 RS485 连接线、集中器载波模块及三相载波模块一块、单相载波模块两块
危险点和安全措施	带电操作、未使用绝缘工器具、不验电、未与带电部分保持安全距离；穿戴安全帽、长袖工作服、绝缘鞋、棉质线手套等，进行验电，使用绝缘工器具，现场悬挂临时工作指示牌，与带电部分保持安全距离等
考核时限	35 分钟

评分标准

序号	作业名称	质量标准	分值	扣分标准	扣分原因	得分
1	否决条件	1. 未戴安全帽、手套，未穿工作服、绝缘鞋； 2. 操作前未办理工作票情况； 3. 操作前未对设备外壳进行验电（戴手套验电、第一步和第三步验电笔氖灯不亮、两脚同时踩绝缘垫上、验电部位不正确）； 4. 操作中发生人身触电伤害； 5. 操作过程中发生设备仪表损坏		触犯任一项否决条件，扣 50 分，本项目判定为考试不通过		
2	安全措施	佩戴安全帽、线手套，穿长袖工作服及绝缘鞋；正确办理工作票。 验电规范	10	1. 安全帽、线手套，工作服及绝缘鞋未佩戴或佩戴不正确，触犯否决条件； 2. 工作票填写不规范每处扣 2 分； 3. 扣完本项分止。 未规范进行"三步法"验电，触犯否决条件		
3	工器具准备及材料要求	所用工器具及材料准备齐全；正确使用各种工器具，不发生掉落及损坏现象	5	1. 工器具准备不充分，中途借用工器具或材料每次扣 1 分； 2. 使用未经专用绝缘处理的工器具，扣 1 分，工器具使用不正确，发生掉落及损坏现象，每次扣 1 分； 3. 扣完本项分止		
4	外观检查	检查集中器、电能表、联合接线盒外观是否完好，参数是否正确，有关部位是否加封	6	1. 未口述检查每处扣 1 分； 2. 扣完本项分止		
5	集中器调试	检查集中器和电能表时钟是否正确	4	未检查电能表和集中器时钟每项扣 2 分		
		电能表 RS485 端口与终端 RS485 端口正确连接，如 RS485 线或端口设置了故障，应测量 RS485 线是否导通；正确测量 RS485 端口电压	5	如 RS485 线或端口设置了故障，未进行下列检查，则未测量 RS485 线是否导通扣 3 分；未测量 RS485 口电压扣 2 分；RS485 线接错扣 5 分		

序号	作业名称	质量标准	分值	扣分标准	扣分原因	得分
5	集中器调试	检查集中器路由模块和户表远程通信模块是否匹配，通信是否正常	15	未检查集中器路由模块和户表通信模块是否匹配扣5分，未检查通信是否正常扣5分，故障模块未更换扣5分		
		在相应测量点号下正确输入规约、波特率、表地址、端口号等信息	30	未检查规约、波特率、表地址、端口号等信息并改正每处扣5分		
		在相应测量点号下正确读取电能表数据	15	未能正确读取电能表数据每少一块扣5分，至本项分扣完止		
6	封印	加装封印	5	电表、集中器等计量装置均需加封，每缺少一个封印扣1分；至本项分扣完止		
7	清理现场	清理现场应干净整洁	5	未清理扣5分，清理不彻底扣2分		
合计			100			
考评员栏	考评员：		考评组长：	考评日期：　　年　　月　　日	成绩：	

项目二 多户故障排查

任务一 通信故障排查

【教学目标】

知识目标

（1）掌握用电信息采集远程通信故障排查的方法。

（2）能严格执行现场操作的标准和制度。

（3）能够准确判断故障类型。

能力目标

（1）能规范操作故障外设识别模块、采集故障识别仪、智能掌机。

（2）能够应用故障外设识别模块、采集故障识别仪、智能掌机处理现场故障。

态度目标

（1）自主学习，独立思考。

（2）学习过程中遇到问题，分析分问题并解决问题。

（3）有团队精神，共同讨论，共同完成任务。

（4）遵守安规，爱岗敬业。

一、用电信息采集系统认知

1. 电力用户用电信息采集系统

电力用户用电信息采集系统是对电力用户的用电信息进行采集、处理和实时监控的系统，实现用电信息的自动采集、计量异常监测、电能质量监测、用电分析和管理、相关信息发布、分布式能源监控、智能用电设备的信息交互等功能。

2. 用电信息采集终端

用电信息采集终端是对各信息采集点用电信息进行采集的设备，简称采集终端。可以实现电能表数据的采集、数据管理、数据双向传输以及转发或执行控制命令。用电信息采集终端按应用场所分为专变采集终端、集中抄表终端（包括集中器、采集器）、分布式能源监控终端等类型。

3. 专变采集终端

专变采集终端是对专变用户用电信息进行采集的设备，可以实现电能表数据的采集、电能计量设备工况和供电电能质量的监测，以及客户用电负荷和电能量的监控，并对采集数据进行管理和双向传输。

4. 集中抄表终端

集中抄表终端是对低压用户用电信息进行采集的设备，包括集中器、采集器。集中器是指收集各采集器或电能表的数据，并进行处理储存，同时能和主站或手持设备进行数据交换的设备。采集器是用于采集多个或单个电能表的电能信息，并可与集中器交换数据的设备。

采集器依据功能可分为基本型采集器和简易型采集器。基本型采集器抄收和暂存电能表数据，并根据集中器的命令将储存的数据上传给集中器。简易型采集器直接转发集中器与电能表间的命令和数据。

5. 分布式能源监控终端

分布式能源监控终端是对接入公用电网的用户侧分布式能源系统进行监测与控制的设备，可以实现对双向电能计量设备的信息采集、电能质量监测，并可接收主站命令对分布式能源系统接入公用电网进行控制。

二、用电信息采集系统结构组成

1. 用电信息采集系统逻辑架构

系统逻辑架构主要从逻辑的角度对用电信息采集系统从主站、信道、终端、采集点等几个层面进行逻辑分类，为下面各层次的设计提供理论基础。用电信息采集系统逻辑架构，如图 4.24 所示。

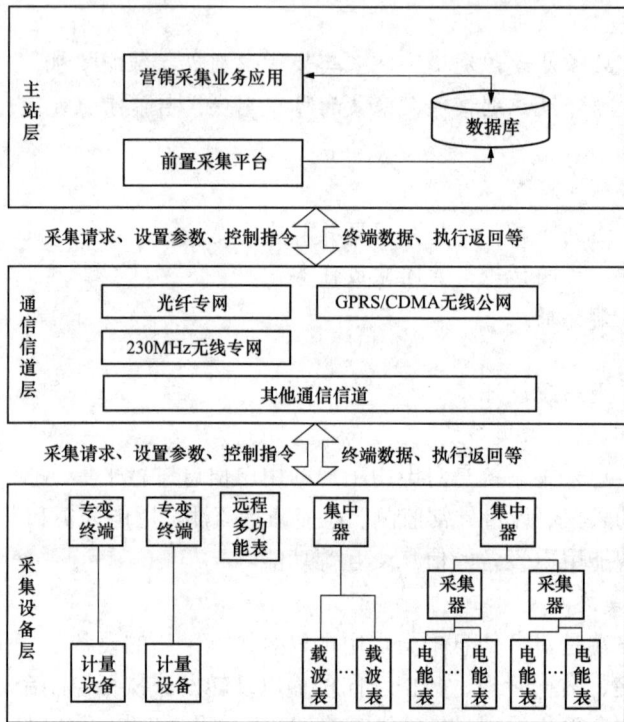

图 4.24　用电信息采集系统逻辑架构

（1）用电信息采集系统在逻辑上分为主站层、通信信道层、采集设备层三个层次。用电信息采集系统集成在营销应用系统中，数据交互由营销系统统一与其他应用系统进行接口。营销应用系统指"SG186"营销管理业务应用系统，除此之外的系统称为其他应用系统）。

（2）主站层又分为营销采集业务应用、前置采集平台、数据库三大部分。业务应用实现系统的各种应用业务逻辑；采集平台负责采集终端的用电信息，并负责协议解析；控制执行是对带控制功能的终端执行有关的控制操作；前置通信调度是对各种与终端的远程通信方式进行通信的管理和调度等。

（3）通信信道层是主站和采集设备的纽带，提供了各种可用的有线和无线的通信信道，为主站和终端的信息交互提供链路基础。主要采用的通信信道有：光纤专网、GPRS/CDMA无线公网、230MHz 无线专网。

（4）采集设备层是用电信息采集系统的信息底层，负责收集和提供整个系统的原始用电信息，该层可分为终端子层和计量设备子层，对于低压集抄部分，可能有多种形式，包括集中器+电能表和集中器+采集器+电能表等。终端子层收集用户计量设备的信息，处理和冻结有关数据，并实现与上层主站的交互；计量设备子层实现电能计量和数据输出等功能。

2. 用电信息采集系统物理架构

系统物理架构是指用电信息采集系统实际的网络拓扑构成，从物理设备的部署层次和部署位置上给出形象直观的体现。用电信息采集系统物理架构图如图 4.25 所示。

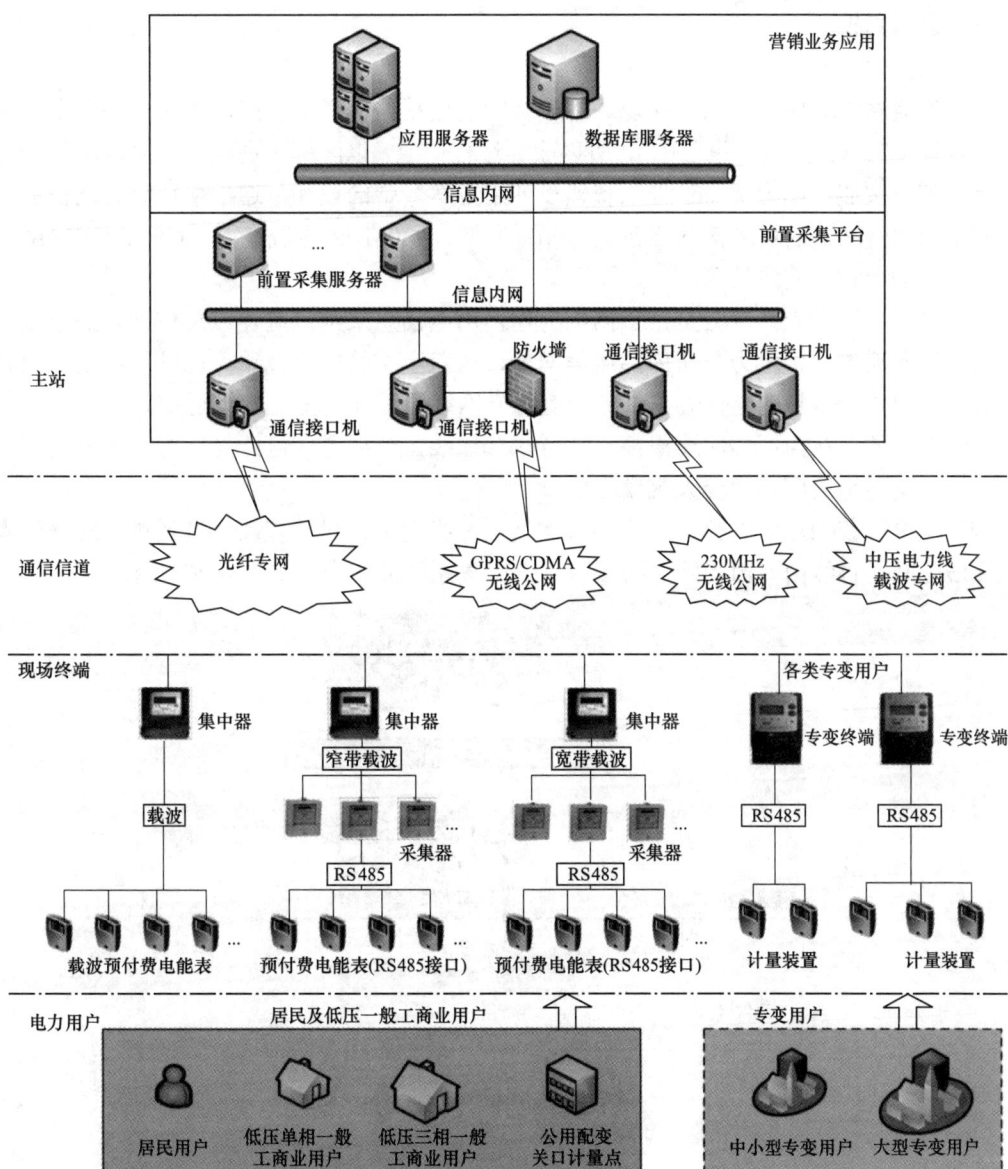

图 4.25　用电信息采集系统物理架构

（1）用电信息采集系统从物理上可根据部署位置分为主站、通信信道、采集设备三部分，其中系统主站部分建议单独组网，与应用系统以及公网信道采用防火墙进行安全隔离，以保证系统的信息安全。有关系统安全建设依据《安全防护技术规范》执行。

（2）主站网络的物理结构主要由营销系统服务器（包括数据库服务器、磁盘阵列、应用服务器）、前置采集服务器（包括前置服务器、工作站、GPS 时钟、防火墙）以及相关的网络设备组成。

（3）通信信道是指系统主站与终端之间的远程通信信道，主要包括光纤专网信道、GPRS/CDMA 无线公网信道、230MHz 无线专网信道等。

（4）采集设备是指安装在现场的终端及计量设备，主要包括专变终端、可远传的智能电表、集中器、采集器以及电能表计等。

三、通信知识

1. 远程通信

远程通信网络完成主站系统和现场终端之间的数据传输通信功能，现场终端到主站的距离通常较远（在一到数百公里范围），所以成为远程信道，以区别于现场终端到现场仪表之间的本地通信。按照《电力负荷管理系统建设通用方案》中的设计，通信信道分为远程通信网络和本地通信网络。远程通信网络包括：光纤专网、230MHz 无线专网、GPRS/CDMA 无线公网、中压电力线载波通信等。

（1）光纤专网。光纤专网是指依据电力用户用电信息采集系统建设总体规划而建设的以光纤为信道介质的一种电力公司内部通信网络，覆盖全网的配电线路。光纤通信是利用光波在光导纤维中传输信息的通信方式，分为有源光网络通信和无源光网络通信。

光纤通信的特点为：传输速率高，支持永久在线，数据通信可能受话音业务干扰，资源相对丰富，覆盖地域广，适合大规模应用。

（2）GPRS/CDMA 无线公网。无线公网通信是指电能计量装置或终端通过无线通信模块接入无线公网，再经由专用光纤网络接入主站采集系统的应用，如图 4.26 所示。

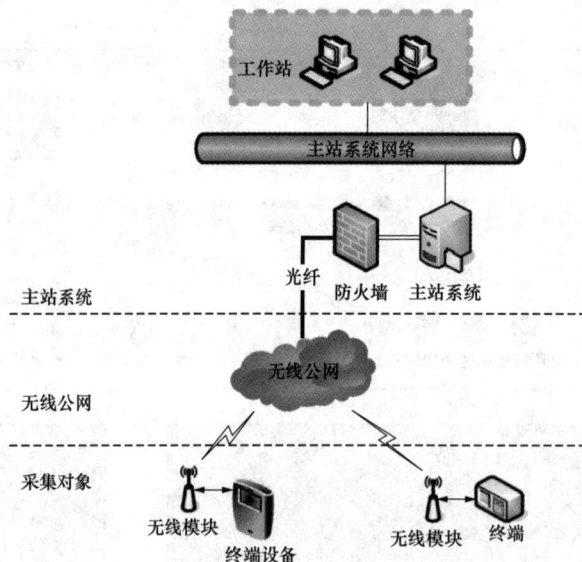

图 4.26　无线公网通信连接示意图

无线公网的主要特点为：传输速率高，支持永久在线，数据通信可能受话音业务干扰，资源相对丰富，覆盖地域广，适合大规模应用。

（3）230MHz 无线专网。它是采集系统自组无线网络，主站电台与终端电台使用一对频点，同一频点下的每个终端都可以接收到主站的无线信号。223-231M 频段（简称230M）有15 对双工频点（异频收发）、10 对半双工频点（同频收发）。

其主要特点为：可靠性、安全性高，成本低，实时性一般，易受电磁干扰。

（4）中压电力线载波通信。中压电力线载波通信是将弱电通信信号耦合到中高压电力线网络中，将信号传输到远程终端。

（5）各种远程通信信道性能比较。远程通信一般采用光纤专网、GPRS/CDMA 无线公网、230MHz 无线专网和中压电力线载波等，市区和城镇应优先选用光纤专网通信。应综合考虑系统建设规模、技术前瞻性、实时性、安全性、可靠性等因素，确定具体通信方式。各种远程通信信道性能比较见表 4.12。

表 4.12　　　　　　　　　　　　远程通信信道性能比较

传输方式	光纤专网	无线专网	中压电力线载波通信	GPRS/CDMA	GSM短信
建设成本	建设硬件设备成本高，但一次投入可长期使用	成本较低	成本较低	成本低	成本低
运行维护	维护费用低，自主应用	维护费用较低，但受他人制约	维护费用较低，自主应用	按流量收费，运行成本高，且受他人制约	按条计费运行成本高，且受他人制约
容量	不受限制	受限制	受限制	不受限制	不受限制
可靠性	高速通信可靠性高	可靠性较差	可靠性较差	速率低，可靠性较差	数据易丢失，可靠性差
信息安全	专网运行，安全性高	无线专网运行，安全性较高	专网运行，安全性高	公网信道运行，安全性差	短信通信，安全性差
影响因素	完全不受电磁干扰和天气影响	受电磁干扰，受地形天气受影响大	受电网负载和结构影响大	受地形天气影响，	易受短信高峰期拥堵影响
通信实时性	二次通信，网络实时性强	轮询工作方式，实时性差	轮询工作方式，实时性较差	并发工作，有传输延时，实时性较差	实时性差

2. 本地通信

本地信道用于现场终端到表计的通信连接，高压用户在配电间安装专变终端就近接入计量表计，采用 RS485 方式连接。而在低压用户中，在一个公用配变下有大量电力用户，用电容量小，计量点分散。为了将信息采集的成本控制在一个可接受的范围内，需要通过一个低成本的本地信道方式将信息集中，再进行远程传输到系统主站。在低成本解决方案中，低压电力线载波、微功率无线、RS485 通信成为可选择方案。

（1）低压电力载波。它是以输电线路为载波信号的传输媒介的电力系统通信，将信息调制为高频信号并耦合至低压电力线路，利用电力线路作为介质进行通信的技术。载波电能表直接同集中器通信；集中器同采集器通过载波方式通信，采集器同电能表 RS485 连接；有宽带载波和窄带载波两种，窄带载波信号频率范围为 3～500kHz；宽带载波信号频率范围为 1～

40MHz。

其主要特点为：施工、维护方便；局限于台区范围。能够充分利用现有的电力线资源，无须另外布线，电力线资源企业自身拥有，专用性强。目前已经成为主流技术。

HPLC 是高速电力线载波，也称为宽带电力线载波，是在低压电力线上进行数据传输的宽带电力线载波技术。宽带电力线载波通信网络则是以电力线作为通信媒介，实现低压电力用户用电信息汇聚、传输、交互的通信网络。宽带电力线载波主要采用了正交频分复用（OFDM）技术，频段使用 2～12MHz。与传统的低速窄带电力线载波技术相比，HPLC 技术带宽大、传输速率高，可以满足低压电力线载波通信更高的要求。

（2）微功率无线。它的集中器同采集器通过无线方式通信，采集器同电能表 RS485 连接。通信技术发展信道方向，涌现出很多技术和组网方式。新的标准确定可以应用，并给出了专用频段。已经有应用，效果比较好，需要进一步加强组网研究。微功率无线组网方案，如图 4.27 所示。

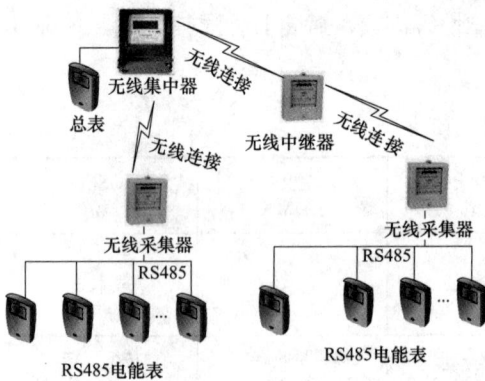

图 4.27　微功率无线组网方案

（3）RS485 通信。它用于电能表同采集器之间的通信，也可直接同集中器通信。其采用差分信号，双绞线连接，通信可靠，依据采集对象可设计一般不超过 32 块电能表，传输距离最大为 1200m，若需增加传输距离及接入容量，可加中继器。波特率有 600、1200、2400、4800、9600、19200、38400bps，工业上类似总线有 CANBUS、PROFIBUS 等。

（4）各种本地通信信道性能比较。本地通信信道包括电力线载波（包括宽带、窄带）、RS485 总线和短距离无线等。各种本地通信信道性能比较见表 4.13。

表 4.13　　　　　　　　　　　　　本地通信信道性能比较

传输方式	RS485	低压窄带载波	宽带载波	短距离无线
施工方式	需要布线到电表	无须布线	无须布线	无须布线，安装调试复杂
可靠性	高	较高	较高	较差
运行维护	大	小	小	较大
传输速率	1200～9600bps	<2400bps	>512bps	几十 bps
访问机制	半双工轮询机制	半双工轮询机制	全双工，双向同时通信	半双工轮询机制
影响因素	线路易受损	受负载特性影响大，需要组网优化	高频信号衰减较快，在长距离通信中需要中继组网	受电磁干扰、地形和天气影响大

四、采集终端

1. 集中器

集中器是指收集各采集终端或电能表的数据，并进行处理储存，同时能和主站或手持设备进行数据交换的设备，如图 4.28 所示。集中器为集抄系统的核心设备。集中器和采集器统称采集终端或集抄终端。

集中器安装在公变计量箱内或公变箱体内，下行通信信道支持电力线载波方式，上行通道信道支持 GPRS 或 CDMA 无线公网，同时具备交采功能，采集公变计量考核点电量信息。

集中器与采集器之间的本地通信采用低压电力线载波方式。采集设备应具备必要的抗干扰能力，以确保在不同环境下的正常通信。

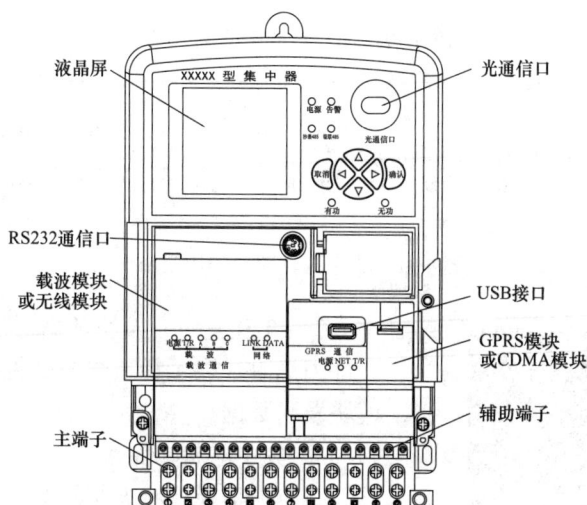

图 4.28 集中器外观示意图

2. 采集器

采集器是用于采集多个电能表电能信息，并可与集中器交换数据的设备，如图 4.29 所示。采集器用于采集多个或单个电能表的电能信息，并可与集中器交换数据。采集器统称采集终端或集抄终端。

其下行通信信道支持 RS485 方式，满足采集 12～16 只电能表的负载能力，上行通信信道支持电力线载波通信方式。

集中器按功能分为交采型和非交采型两种型式。电力用户用电信息采集系统使用交采型集中器。

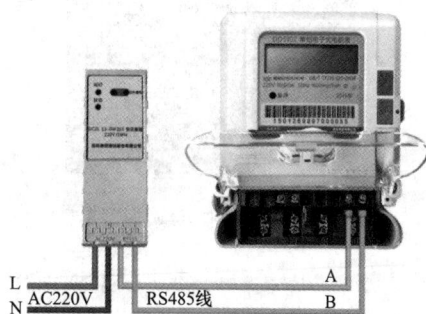

图 4.29 采集器

（1）上行通信信道选用无线公网；（2）下行通信信道为电力线载波；（3）配置一路交流模拟量输入，并附带一路 RS485 输出接口（标识为 485Ⅲ，DL/T 645—2007 协议或 DL/T 645—2010），如图 4.30～图 4.32 所示。

3. 集中器功能指示

远程通信模块状态指示灯（见图 4.33）：

（1）电源灯——模块上电指示灯，红色。灯亮时，表示模块上电；灯灭时，表示模块失电。

（2）NET 灯——网络状态指示灯，绿色。

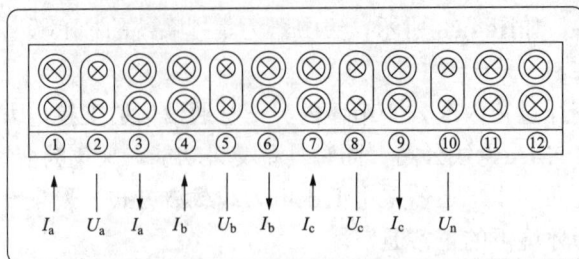

图 4.30　集中器主端子示意图

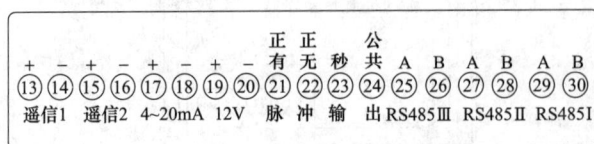

图 4.31　集中器辅助端子示意图

图 4.32　集中器载波模块

（3）T/R 灯——模块数据通信指示灯，红绿双色。红灯闪烁时，表示模块接收数据；绿灯闪烁时，表示模块发送数据。

4．集中器状态指示

载波通信模块状态指示灯（见图 4.34）：

（1）电源灯——模块上电指示灯，红色。灯亮时，表示模块上电；灯灭时，表示模块失电。

图 4.33　远程通信模块状态指示灯

（2）T/R 灯——模块数据通信指示灯，红绿双色。红灯闪烁时，表示模块接收数据；绿灯闪烁时，表示模块发送数据。

（3）A 灯——A 相发送状态指示灯，绿色。

（4）B 灯——B 相发送状态指示灯，绿色。

（5）C 灯——C 相发送状态指示灯，绿色。

（6）LINK 灯——以太网状态指示灯，绿色。表示以太网口成功建立连接后，LINK 灯常亮。

（7）DATA 灯——以太网数据指示灯，红色。以太网口上有数据交换时，DATA 灯闪烁。

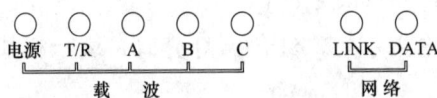

图 4.34　载波通信模块状态指示灯

5. 采集器功能指示

Ⅱ型接线端子功能标识（见图 4.35）：

（1）L——对应红色线，交流 220V 电源 L 相输入（火线）。

（2）N——对应黑色线，交流 220V 电源 N 相输入（零线）。

（3）A——对应黄色线，RS485 通信线 A（正极）。

（4）B——对应绿色线，RS485 通信线 B（负极）。

6. 采集器状态指示

Ⅱ型状态指示：

（1）红外通信——红外通信口，用于采集器参数的读取和数据的读取，1200bit/s，偶校验，8 位数据位，1 位停止位。

（2）运行——红色 LED 指示，0.5Hz 频率闪烁，表示采集器正在运行，常灭表示未上电。

（3）状态——红绿双色灯，红灯闪烁，表示 485 数据正在通信，绿灯闪烁，表示载波数据正在通信。

【实训操作】使用掌机对单相智能表进行抄读

一、所需的工具及仪表

（1）工具：低压验电笔、螺丝刀、工作牌、安全帽及绝缘手套等。

（2）仪表：单相电能表、掌机。

二、工作前准备

（1）安全生产：佩戴安全帽、线手套，穿长袖工作服及绝缘鞋；正确办理工作票；验电规范。

（2）外观检查：检查电能表、专变采集终端、联合接线盒外观是否完好；检查参数（铭牌信息）是否正确，有关部位是否加封；抄录参数、铅封号等相关信息。

三、现场作业步骤及标准

（1）掌机检查：检查外观有无破损、有无污垢；数字及各符号是否清晰；是否安装 GPRS卡；掌机电池电源是否充足，如图 4.36 所示。

图 4.35 Ⅱ型采集器外观示意图

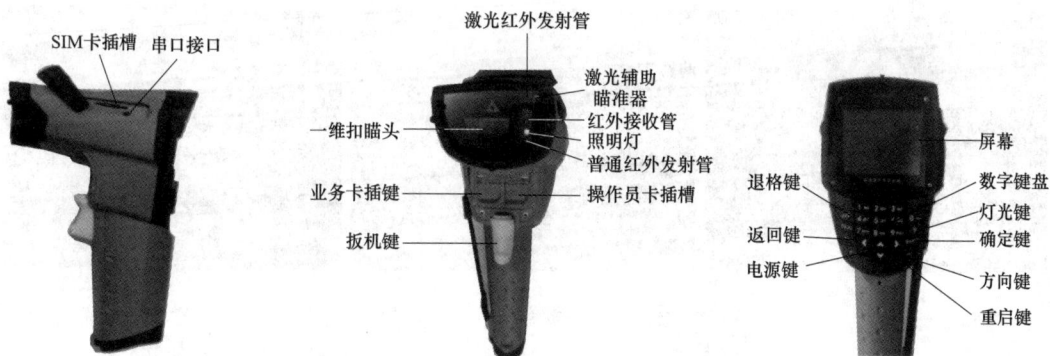

图 4.36 掌机检查

（2）电能表检查：电能表外观应正常；显示屏应正常显示；各项参数应正确无误；所有

铅封应完好无损，如图 4.37 所示。

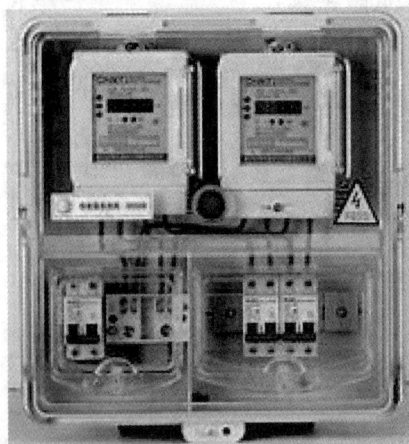

图 4.37　电能表检查

（3）抄读智能表表号：选取常用工具，按 Enter 键确认；选取电表信息获取按 Enter 键确认；掌机对准电能表红外窗口，按掌机扳机键，如图 4.38 所示。

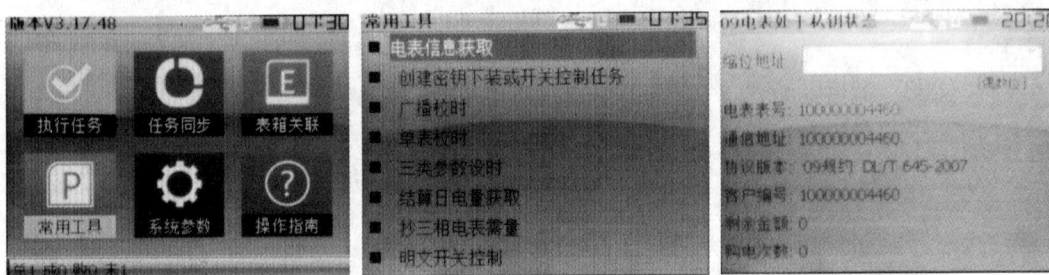

图 4.38　抄读智能表表号

（4）抄读智能表表内时钟：选取常用工具，按 Enter 键确认；选取单表校时，按 Enter 键确认；掌机对准电能表红外窗口，按掌机扳机键，如图 4.39 所示。

图 4.39　抄读智能表表内时钟

（5）抄读智能表费率时段：选取常用工具，按 Enter 键确认；选取读费率，按 Enter 键确认；掌机对准电能表红外窗口，按掌机扳机键，如图 4.40 所示。

（6）抄读智能表各时段电能示数：选取常用工具，按 Enter 键确认；选取当前总尖峰平谷，按 Enter 键确认；掌机对准电能表红外窗口，按掌机扳机键，如图 4.41 所示。

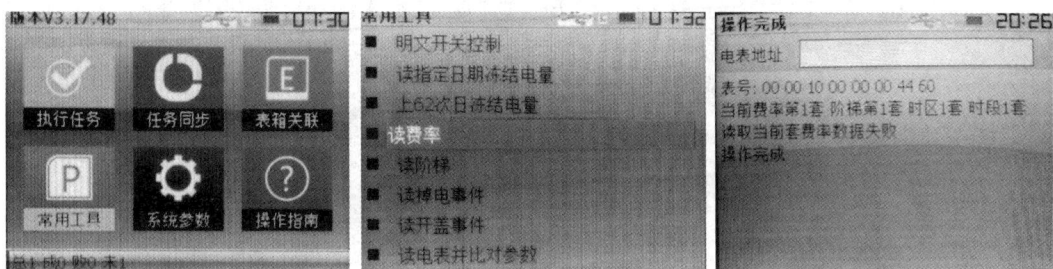

图 4.40 抄读智能表费率时段

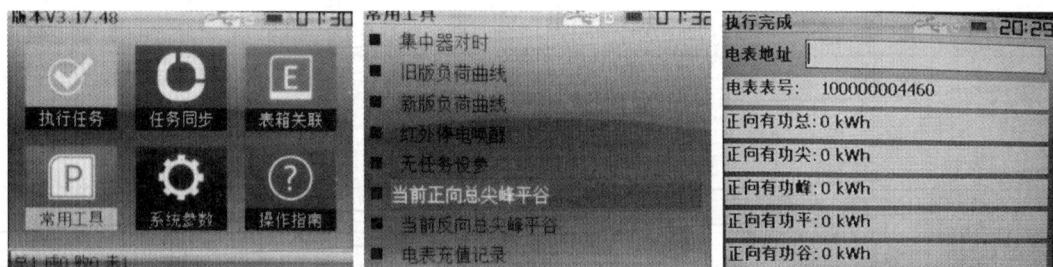

图 4.41 抄读智能表各时段电能示数

（7）现场清理，工作终结：工具仪表，摆放整齐，清理现场，恢复原状。

【实训操作】专变采集终端上行通道故障处理

一、所需的工具及仪表

（1）工具：低压验电笔、螺丝刀、工作牌、安全帽及绝缘手套等。

（2）仪表：用电采集模拟盘、电能表、专变采集终端。

二、工作前准备

（1）安全生产：佩戴安全帽、线手套，穿长袖工作服及绝缘鞋；正确办理工作票；验电规范。

（2）外观检查：检查电能表、专变采集终端、联合接线盒外观是否完好；检查参数（铭牌信息）是否正确，有关部位是否加封；抄录参数、铅封号等相关信息。

三、现场作业步骤及标准

（1）采集终端上行通道故障处理，如图 4.42 所示。

1）检查 SIM 卡和 GPRS 天线是否正确安装。

2）检查专变采集终端顶层菜单中信号强度指示符和通信方式指示符"G"是否闪动。

3）核查终端地址并改正。

4）正确检查 APN 并改正。

5）正确检查 IP 并改正。

6）正确检查心跳周期并改正。

7）检查终端工作模式。

8）检查终端是否正常上线。

（2）参数设置。参数设置如表 4.14 所示。

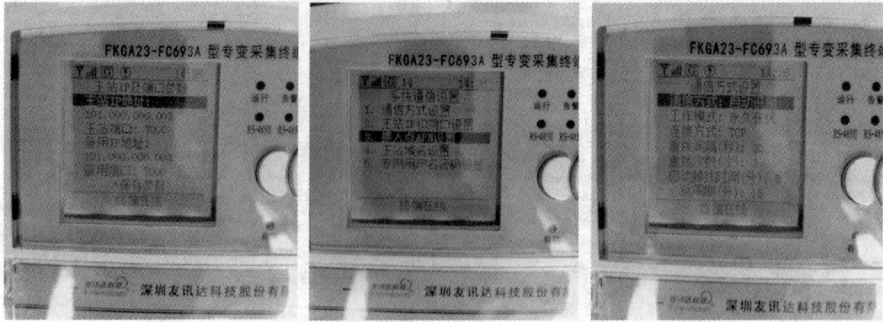

图 4.42 采集终端上行通道故障处理

表 4.14 参 数 设 置

设置项目	台区 1 集中器	台区 2 集中器
主站（主用）IP	192.169.001.100	192.169.001.100
端口号（主用端口）	7100	7100
心跳周期	001min	001min
终端 IP	192.168.001.111	192.168.001.112
网关（默认网关）	192.168.001.001	192.168.001.001
终端逻辑地址	4101-00001-002	4101-00002-002

1）设置界面。界面设置，如图 4.43 所示。

图 4.43 界面设置

2）时间设置。时间设置，如图 4.44 所示。

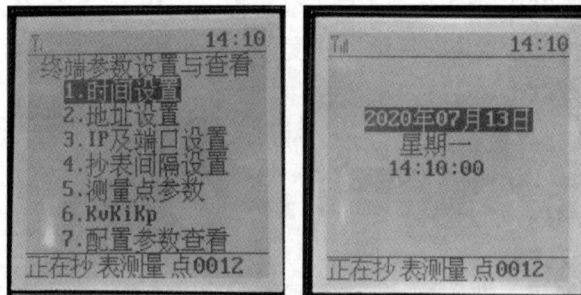

图 4.44 时间设置

3）地址设置。地址设置，如图 4.45 所示。

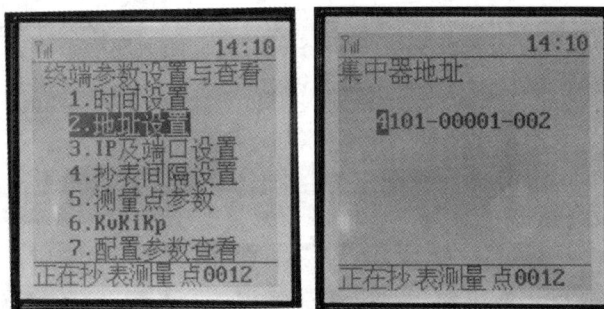

图 4.45 地址设置

4）IP 及端口设置。IP 及端口设置，如图 4.46 所示。

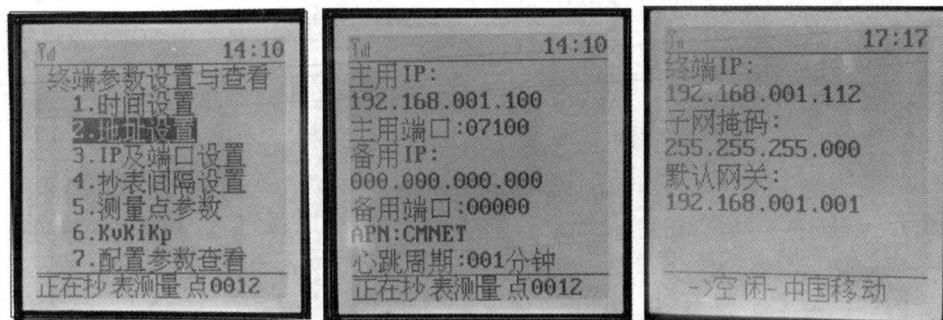

图 4.46 IP 及端口设置

5）终端重启设置。终端重启设置，如图 4.47 所示。

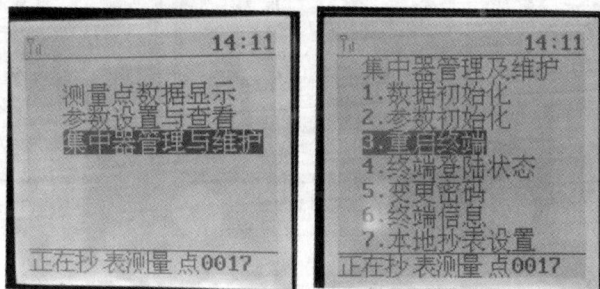

图 4.47 终端重启设置

6）参数设置与查看设置。参数设置与查看设置，如图 4.48 所示。

四、工作结束

（1）加装封印，做好记录。

（2）清理现场，做到干净整洁。

(a) 参数设置与查看

(b) 测量点参数

(c) 所属测量点设置

(d) 所属测量点

(e) 通信速率

(f) 通信端口号

(g) 根据电能表规约选取

(h) 编辑电能表逻辑地址

(i) 推出编辑界面

(j) 集中器管理与维护

(k) 本地抄表设置

(l) 现场调试抄表

(m) 输入测量点号

(n) 测量点抄表成功

(o) 电能表电能示数

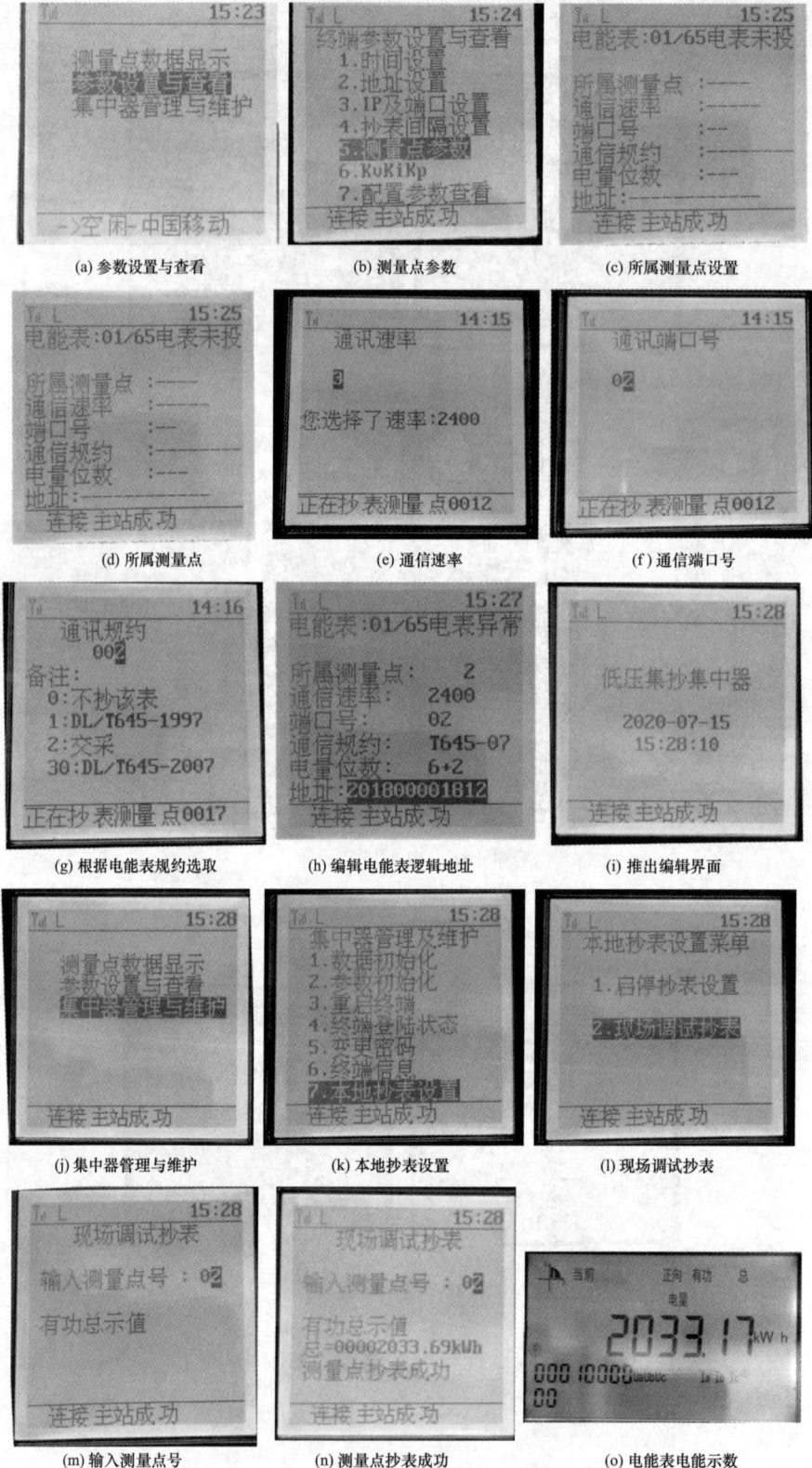

图 4.48　参数设置与查看设置

任务二 模块故障排查处理

【教学目标】

知识目标

（1）掌握用电信息采集载波模块故障排查的方法。

（2）能严格执行现场操作的标准和制度。

（3）能够准确判断故障类型。

能力目标

（1）能规范操作故障外设识别模块、采集故障识别仪、智能掌机。

（2）能够应用故障外设识别模块、采集故障识别仪、智能掌机处理现场故障。

（3）能够在规定的时间内完成岗位标准、大赛标准中的故障排查与处理。

态度目标

（1）树立安全规范作业意识，强化责任意识。

（2）树立学生团队分工与协作意识。

（3）养成严谨的工作作风和可靠为重的岗位理念。

一、故障外设识别模块的使用

故障外设识别模块通过对电能表或采集终端模块进行识别，来判断载波模块存在哪些故障和问题。

故障外设识别模块需与现场作业终端配合使用，采集故障识别模块能接收计量现场作业终端的控制指令，独立实现 S 测、载波模块故障检测、微功率无线模块故障检测以及集中器、采集器和电能表整机通信故障检测等功能，并反馈给计量现场作业终端。

采集故障识别模块采用 32 位处理器，64kBRAM 和 512kBFlash，支持蓝牙 4.0 通信，通信距离不小于 1 国家电网安全加密芯片，使用 SM1 算法。故障外设识别模块外形如图 4.49 所示。

其主要的功能如下。

（1）在线计量误差检测：具有测量电能表电能量计量误差的功能。

（2）台区识别：能识别电能表所属台区、所属相别、所在线路分支。

（3）测试过程中，不影响载波通信或无线通信串户检测：能检测用户用电线路与用户电能表的对应关系。

图 4.49 故障外设识别模块外形

（4）在线检测谐波含量：能测量 2～21 次谐波的谐波电压、电流有效值。

（5）运行工况及环境数据检测。

（6）电能表通用故障检测，包括 RS485 通信故障、电池欠压等，具有安全认证功能。

故障外设识别模块使用方法相对复杂，需要安装在电能表或采集终端，并配合现场移动作业终端一起来完成。一些特有功能按钮的含义应参考对应的说明书。

作业终端主要功能如下。

（1）可以获取主站采集计量故障工单（见图4.50）、数据补抄工单、电价修改工单、现场停复电工单、现场对时工单，并进行闭环操作。

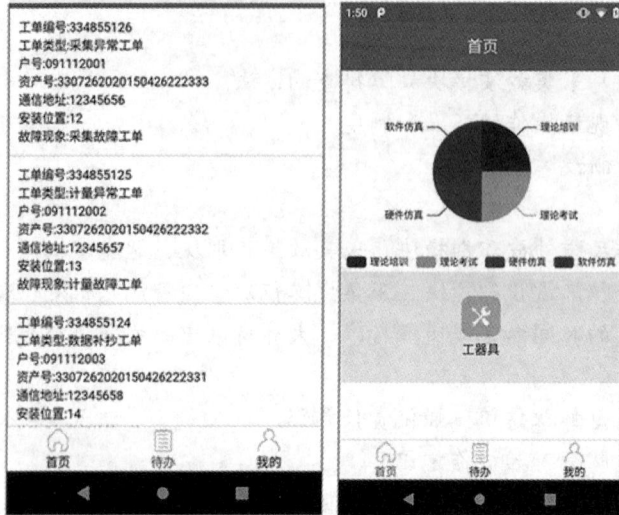

图4.50　故障工单

（2）可抄读电能表当前电能量、负荷数据和日冻结数据。

（3）可控制电能表进行拉合闸、校时、时钟比对。

（4）可通过单三相计量故障识别模块抄读误差数据、谐波数据，并进行电能表通用故障检测、串户检测，台区可通过HPLC故障识别模块进行集中器SIM卡检测、集中器模块检测、电能表模块检测、采集器模块检测、电能表整机检测和采集器整机检测，并对HPLC模块进行台区组网测试、通信功能检测等。可通过超高频RFID模块设置RFID参数，并对EPC、GB标签进行盘存。

（5）可通过背夹完成红外、激光红外、RS485、扫描等电力相关操作。

二、模块故障排查处理

1. 电力线载波通信模块

其遵循DL/T 645或DL/T 645698多功能电能表通信协议，用于电能表与采集设备之间通信，特点如下。

（1）测量单元。由测量单元和数据处理单元等组成，除计量有功/无功电能量外，还具有分时、测量需量等功能，并能显示、存储和输出数据。

（2）通信接口。通信参数采用8位数据位，1位停止位，1位偶校验位。支持红外光口，默认速率为2400bps。支持RS485标准串行电气接口，支持多点连接，标准速率为600bps、1200bps、2400bps、4800bps、9600bps、19200bps。

（3）数据链路层。DL/T 645—2007协议为主-从结构的半双工通信方式。手持单元或其他数据终端为主站，多功能电能表为从站。每个多功能电能表均有各自的地址编码。通信链路的建立与解除均由主站发出的信息帧来控制。每帧由帧起始符、从站地址域、控制码、数据域长度、数据域、帧信息纵向校验码及帧结束符 7 个域组成。每部分由若干字节组成。

2. 电力线载波通信

电力线载波通信用电信息采集解决方案采用"无线集中器+无线采集器+485 电表"或"无线集中器+无线通信电表"的组网方式。一般将无线集中器安装在配电变压器处，让无线信号能够覆盖整个台区供电范围，各计量表箱安装无线采集器和无线通信电表。

用户原有的 RS485 电子表可先通过 485 接口将数据汇聚到采集器，再通过采集器的无线通信模块将数据传输到集中器。用户原有的机械式电表则替换成无线通信电表，无线通信电表通过自身的无线通信模块直接与集中器通信。集中器作为无线通信的局端设备与无线采集器或者无线通信电表组成本地无线通信网络，形成以空间为传输介质的数据传输通道。无线集中器负责主动与每个无线采集器（无线通信电表）进行数据通信（采集），并通过远程通信网络将数据回传给主站系统。电力线载波通信信息采集如图 4.51 所示。

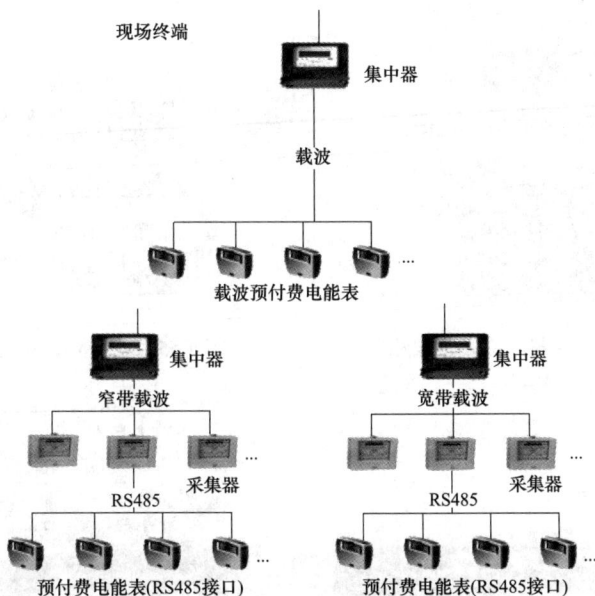

图 4.51 电力线载波通信信息采集

三、具体操作步骤

1. 识别电能表和故障外设识别模块

第一步，识别电能表的接线端子，如图 4.52 所示。

第二步，取出单相识别模块，如图 4.53 所示。

第三步，让单相识别模块与电能表相连接，如图 4.54 所示。

2. 现场安装故障外设识别模块

（1）了解安装故障外设识别模块的关键步骤。安装故障外设识别模块的关键点是：对一卡一定，如图 4.55 所示。

（2）现场安装故障识别模块。安装顺序为识别模块对准电能表接线，分别先对准电能表交流 220V 电路的相线和零线，再对准直流电路的脉冲、多功能、485 接口，如图 4.56 所示。

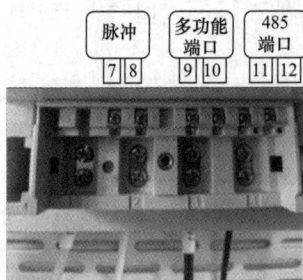

图 4.52　电能表接线端子

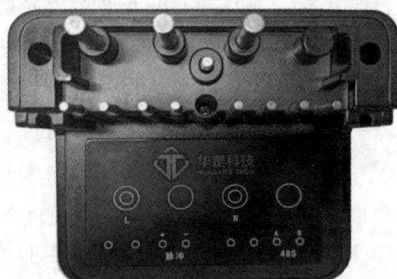

图 4.53　单相识别模块

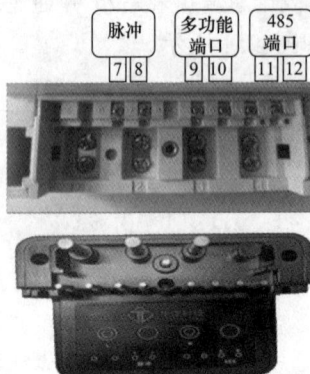

图 4.54　单相识别模块与电能表接线端子

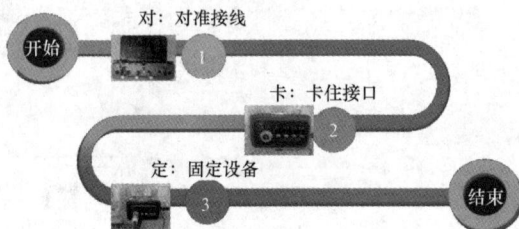

图 4.55　安装外设识别模块的关键步骤

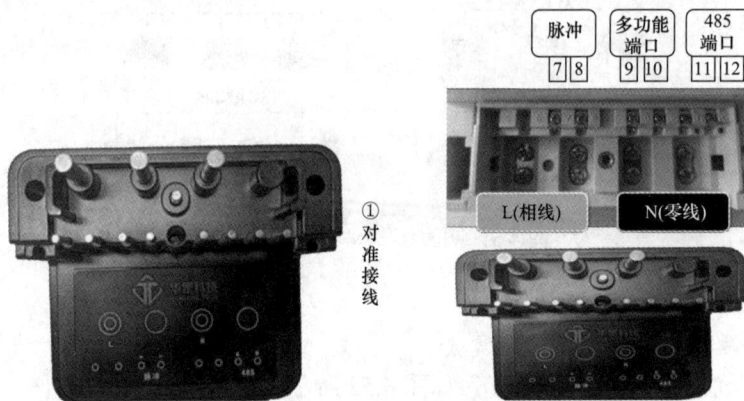

图 4.56　对准电能表接线端子

接下来,卡住接口,确保各接触端口接触良好。最后,定稳模块,快速进行固定,如图 4.57 所示。

3. 通信连接、电流连接与现场检测

(1)了解故障外设识别模块检测的关键步骤。故障外设识别模块检测的关键点是:连—观—测,如图 4.58 所示。

图 4.57 定稳模块

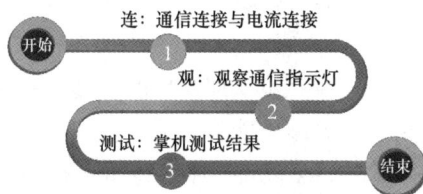

图 4.58 检测故障外设识块模块的关键步骤

（2）故障外设识别模块检测。

第一步，先建立通信连接和电流连接，使用蓝牙通信，建立外设模块与掌机之间的蓝牙通信。匹配成功后，再连接电流夹钳（见图4.59），建立电流采样连接。

第二步，通信连接成功后，观察通信指示灯，一开始指示灯交替闪烁，正确读取数据时指示灯锁定为常亮。

第三步，单击掌机测试功能模块，等待测试结果。根据测试结果，分析存在的具体故障。

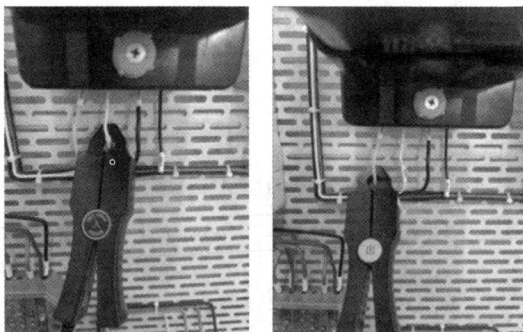

图 4.59 连接电流夹钳

4. 时钟计量故障排查与处理

第一步，取出现场作业终端，对掌机进行检查。

第二步，单击菜单功能中的作业工单管理，生成采集管理的作业工单。

第三步，现场与电能表或采集终端建立红外通信连接，读取电能表或采集终端的地址。最后，完成终端对时。时钟计量故障排查与处理步骤如图4.60所示。

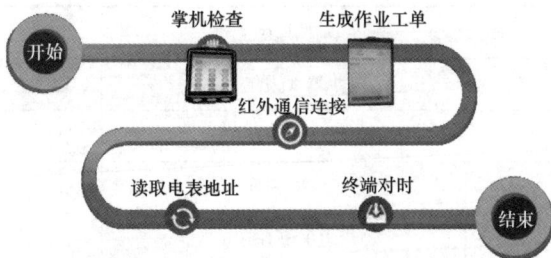

图 4.60 时钟计量故障排查与处理步骤

【实训操作】故障外设识别模块的正确使用及现场故障排查与处理

一、所需的工具及仪表

（1）工具：低压验电笔、螺丝刀、工作牌、安全帽及绝缘手套等。

（2）仪表：故障外设识别模块、现场移动作业终端（掌机）。

二、实训内容和步骤

1. 故障外设识别模块的使用

对故障外设识别模块进行外观检查，看是否有破损、裂纹，卡口弹簧是否灵活。

　　检查故障外设识别模块的钳表是否正常，卡钳有无破损，是否可以闭合，连接导线有无破损。模块的卡扣螺栓是否正常，有无滑丝等现象。

　　2. 操作步骤

　　（1）故障外设识别模块的安装。按照"对—卡—定"的操作步骤，依次进行。安装顺序为识别模块对准电能表接线，分别先对准电能表交流 220V 电路的相线和零线，再对准直流电路的脉冲、多功能、485 接口。接下来，卡住接口，确保各接触端口接触良好。最后，定稳模块，快速进行固定。

　　对准故障外设识别模块：关键在于卡槽要对准相应的接线端子，直流回路的脉冲和 485 接口端子较小且有 8 个端子都要对应，在操作过程中卡簧容量滑出，从而影响模块的安装，所以在操作过程中应缓慢对准，找准位置。

　　卡住接口：找准位置后，要稍微用力向里推，防止卡簧脱落。

　　定稳模块：卡住接口，应迅速使用工具旋紧紧固螺栓，将故障外设识别模块与电能表牢固连接。

　　（2）故障外设识别模块检测。

　　先接入电流测试线，再连接电流夹钳，建立电流采样连接，注意电流同名端的方向。

　　蓝牙通信连接：红表表笔接触电能表 A 端，黑表表笔接触电能表 B 端，先测得电能表的 RS485 的直流电压。再将红表表笔接触集中器（采集器）表 A 端，黑表表笔接触集中器（采集器）B 端，测得集中器（采集器）的 RS485 的直流电压。

　　掌机打开相应测试功能菜单：现场测量时，先接低电位，再接高电位。红高黑低，先低后高。

　　3. 测量数据表

　　测量数据如表 4.15 和表 4.16 所示。

表 4.15　　　　　　　　　　　　　　　模 块 频 率 检 测

蜂鸣档通断测试		
电能表	集中器（采集器）	结果
270MHz	270MHz	匹配
20MHz	230MHz	不匹配
270MHz	1035MHz	不匹配

表 4.16　　　　　　　　　　　　　　时钟故障排查记录表

电能表		集中器（采集器）	
标准时间		标准时间	
现场时间		现场时间	
结果		结果	

三、故障外设识别模块使用注意事项

　　（1）测量前，要进行验电操作。

（2）使用模块识别时，要安装牢固，电压回路接线端子应接触良好。

（3）在安装电流回路时，要注意同名端的方向。

四、评分表

故障外设识别模块的正确使用及模块故障的判别和故障处理评分标准如表 4.17 所示。

表 4.17　　故障外设识别模块的正确使用及模块故障的判别和故障处理评分标准

项目	故障外设识别模块的正确使用及模块故障的判别和故障处理			姓名：	学号：	
序号	评分类别	质量要求	配分	评分标准		得分
1	着装、工器具及材料准备要求	1. 戴安全帽，穿工作服及绝缘鞋	10	未戴安全帽、未穿工作服及绝缘鞋不得进入实训场地，每样扣 3 分		
		2. 所有工器具、材料准备齐全		工器具不齐全，每样扣 3 分		
		3. 正确使用各种工器具，不发生掉落及损坏现象		工器具使用不正确，发生掉落及损坏现象，量程使用不当等，每样扣 3 分		
2	验电	1. 工作前、后均视为验电（器）笔良好	10	验电前触摸到柜体金属部分，未使用验电笔（器）对柜体金属部分进行验电或戴手套验电，每样扣 5 分		
		2. 使用验电笔（器）对柜体金属部分进行验电				
3	仪表、工具使用	正确使用仪表、工具	30	仪器、仪表使用不当（如档位使用错误、带电切换档位等），每处扣 3 分		
				出现仪表掉落，每次扣 3 分		
				工器具的绝缘措施不符合要求，每样扣 3 分		
				操作过程中工器具、端钮盒盖等每掉落一次扣 2 分		
4	故障查处	1. 数据测试	40	数据测试正确，单位等书写正确，每样不正确扣 1 分		
		2. 故障分析		正确分析故障，每样不正确扣 1 分		
		3. 故障查处		查处到故障的正确位置，每样不正确扣 1 分		
		4. 故障处理		根据测量数据进行分析，现场进行故障处理，每样不正确扣 2 分		
5	操作要求	1. 在正确的位置处操作	10	在正确的位置处操作、测试，每样不正确扣 3 分		
		2. 测试异常		因自己的操作错误导致装置出现异常，每样不正确扣 5 分		
6	考试时间要求	在规定时间内完成		在规定时间内完成不扣分，每超过 5min（含 5min 之内），从总分中倒扣 3 分，但不超过扣 10 分		

续表

序号	评分类别	质量要求	配分	评分标准	得分
7	其他要求	工作结束后,应清理工作现场,满足安全、文明生产要求		未清理现场,从总分倒扣5分,违反安全及文明生产规定,从总分倒扣10分	
		总分			

任务三　综合故障排查处理

【教学目标】

知识目标

(1)掌握用电信息采集综合故障排查的方法。

(2)掌握现场操作中的监护复诵制度。

(3)掌握分组完成综合故障分析与排查的流程。

能力目标

(1)能够对接 1+X 证书技能考试的技能标准与技能大赛达标技能标准。

(2)能够使用仿真实训装置完成综合故障的设置与组合。

(3)能够应用综合故障的排查流程和顺序进行现场研判。

(4)能够在真操实练中安全、标准、规范地完成综合故障的排查和处理。

态度目标

(1)具备严守安全的安全用电理念。

(2)具备数字荷效的大数据低碳理念。

(3)具备工程实施和工程运维意识。

(4)树立一流企业、一流服务的岗位理念。

一、现场作业终端

现场作业终端是内嵌了安全单元的手持式智能设备,能够从计量现场作业终端管理系统下载工单,在作业现场执行工单,将工单执行结果反馈计量现场作业终端管理系统。在计量现场作业终端执行工单的过程中,必要时可以与计量现场作业终端外设模块配合。其支持一维/二维条码、红外、NFC/HF RFID、GPS/北斗等多种数据采集功能,支持 4G/3G、Wi-Fi、蓝牙等多种数据传输功能。现场作业终端如图 4.61 所示。

其主要功能如下。

(1)红外、激光红外通信。符合 DL/T 645—1997、DL/T 645—2007. DL/T 698.45 标准中的红外要求,支持抄读智能电能表数据。

(2)RS485 通信。通过 USB 接口可转化成 RS485 接

178mm×82mm×26mm

图 4.61　现场作业终端

口，支持常规的波特率，可抄读智能电能表数据。

（3）条码扫描。采用高速精准的专业扫描引擎，支持一维、二维专业条码扫描，符合 Q/GDW 1205—2013 标准要求。

（4）高频 RFID。支持标准 NFC 功能，支持 ISO 1443A、ISO 15693、Mifare 等。

（5）蓝牙通信。蓝牙通信协议版本支持 V4.0-EDR 及以上，连接范围 10m 及以上，支持蓝牙打印、蓝牙通信。

（6）定位。支持北斗和 GPS 定位，定位精度小于 5m。

（7）图像采集。前置像素 500 万，后置像素 1300 万，支持自动对焦功能，支持自适应闪光灯模式，支持自动白平衡。

二、采集故障识别模块

采集故障识别模块需与现场作业终端配合使用，它能接收计量现场作业终端的控制指令，可实现载波模块故障检测、微功率无线模块故障检测以及集中器、采集器和电能表整机通信故障检测等功能，并反馈给计量现场作业终端。

采集故障识别模块采用 32 位处理器，64kB RAM 和 512kB Flash，支持蓝牙 4.0 通信，使用 SM1 算法。采集故障识别模块如图 4.62 所示。

其主要功能如下。

（1）SIM 卡故障识别。

（2）采集器本地通信故障识别。

（3）单相通信模块故障识别。

（4）电能表本地通信故障识别。

（5）三相通信模块故障识别。

（6）电源管理功能。

（7）集中器 I 型故障识别功能。

三、综合故障常见的故障类型

用电信息采集数据异常，常见的故障类型有：485 通信故障、电力载波模块故障、远程通信模块故障、时钟超差计量故障，既有可能是单种故障类型，也有可能是同时出现多个故障类型，所以在现场工作中要结合实际情况综合研判。综合故障类型，如图 4.63 所示。

图 4.62　采集故障识别模块

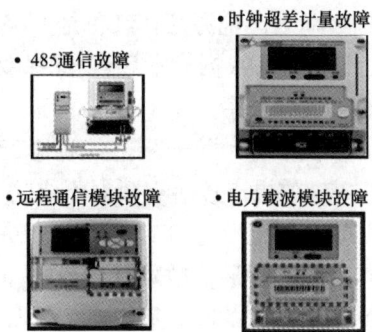

图 4.63　综合故障类型

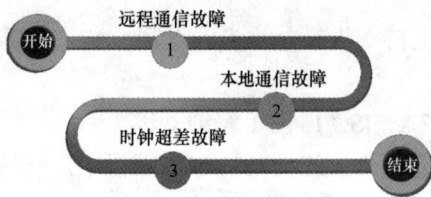

图 4.64　故障排查流程

四、具体操作步骤

1. 故障排查流程

综合故障排查需重点掌握好排查的流程，先排查远程通信故障，再排查本地通信故障，最后排查时钟超差故障，如图 4.64 所示。

2. 台区典型综合故障排查

通信信息流是从台区到集中器，再到采集器，最后到电能表至上而下双向流动的。如果远程通信模块和主站无法通信，就会使所有的数据无法采集，所以只有先排除远程通信故障才知道本地还有哪些故障，先排查了本地通信故障才知道有没有时钟故障，综合故障排查环环相扣。如果整个台区的所有数据都无法采集，则很有可能是远程通信出现了故障。台区综合故障排查如图 4.65 所示。

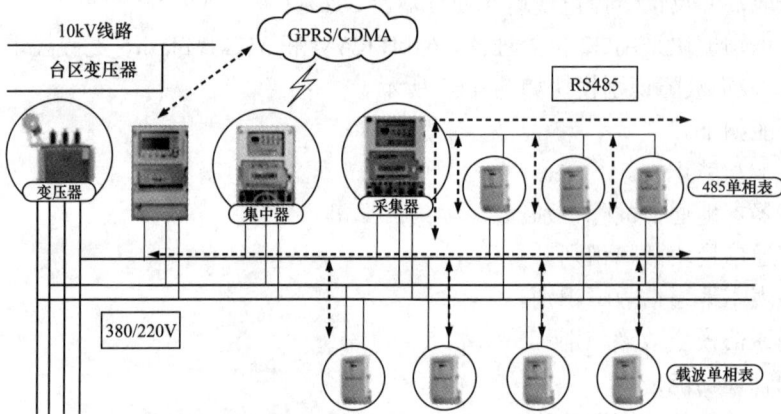

图 4.65　台区综合故障排查

（1）远程通信故障。排除远程通信模块故障的关键是观察指示灯，然后根据指示灯来研判存在什么问题。电源灯（红色灯）亮时，表示模块上电；NET 灯（绿灯）亮时表示网络状态正常；T/R 灯（数据指示灯），红绿双色交替闪烁时，表示模块接收和发送数据，远程通信故障排查如图 4.66 所示。

（2）排查步骤。第一步，外观检查，观察远程通信模块的电源灯和通信指示灯。

第二步，如果点抄所有数据不成功，且指示灯异常，就要进一步检查有没有 G 或 L 信号。

第三步，如果没有 G 或 L 信号，进一步检查模块的插头是否插紧，SIM 卡或水晶头有没有安装牢固，远程通信故障排查步骤如图 4.67 所示。

（3）本地通信故障。第一步，外观检测。

第二步，指示灯检测：载波通信模块电源灯亮表示正常，T/R 灯红绿交替闪烁表示正常，A 相灯不亮表示异常。

第三步，频率匹配检测。

　　电能表的载波模块和集中器的载波模块进行匹配检测的步骤为：①拔插模块；②掌机开机；③连接蓝牙。首先将被测模块插入采集器故障检测仪并进行上电，再将采集器故障检测仪电源开机，当模块灯亮和电源键红灯常亮时表示开机成功，最后再连接蓝牙。

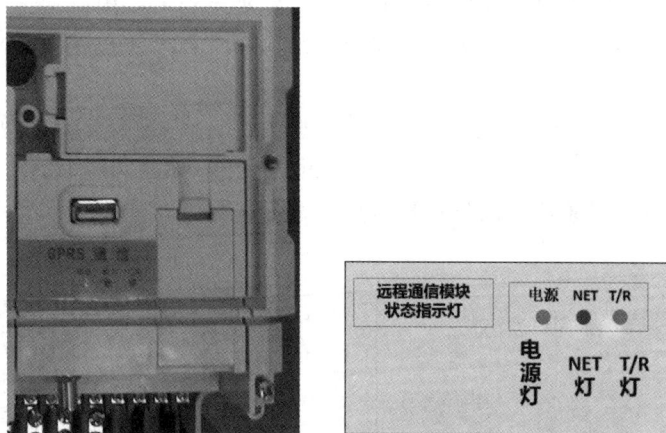

图 4.66　远程通信故障排查

　　当蓝灯闪烁后，再对掌机进行配对设置，观察蓝牙匹配情况，蓝灯常亮则表示匹配成功。匹配成功后返回主界面选择采集器故障检测，选择模块检测，一般选用单相电能表进行检测，也就是使用一个功能正常的单相表与被测模块进行比对。单击测试检测时间大概在 1～2min。模块频率检测如图 4.68 所示。

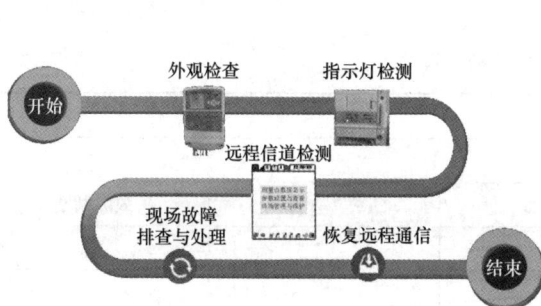

图 4.67　远程通信故障排查步骤

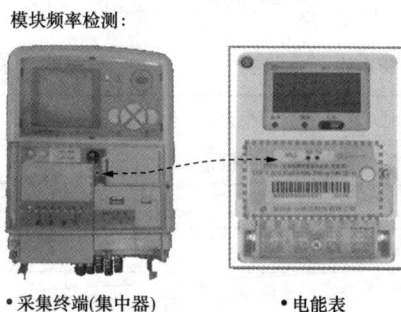

图 4.68　模块频率检测

　　（4）时钟通信故障。时钟问题可能导致采集失败或数据错乱，使客户的电量电费出现比较大的波动，所以一定要及时处理。针对时钟问题，我们可以使用智能化移动作业终端设备掌机来处理。掌机必须设置专门授权的密钥，才可以和电能表下达相关操作指令，主要有五个步骤：第一步，检查掌机，获得授权密钥；第二步，生成作业工单；第三步，红外通信连接，注意红外线要和电能表红外通信建立连接；第四步，红外读取电能表地址；第五步，终端对时。等待 1min 左右，就可以了，然后再查看时钟是否已经正确。

【实训操作】综合故障排查与处理

一、所需的工具及仪表

（1）工具：低压验电笔、螺丝刀、工作牌、安全帽及绝缘手套等。

（2）仪表：HGCJ10 采集故障识别模块、HGZJ01 现场作业终端。

二、实训内容和步骤

1. 采集故障识别模块的使用

对采集故障识别模块进行外观检查，看是否有破损、裂纹，电源通电后是否正常，采集故障识别模块的蓝牙通信指示是否正常，模块卡槽拔插是否灵活，频率适配后是否正常。

2. 操作步骤

（1）故障排查处理的 234 法则。具体操作法则为：2：办理工作票，两穿两戴；3：三步式验电；4：外观检查、现场研判、排查处理、调试抄读，如图 4.69 所示。

（2）综合采集故障排查口诀。先远程，后本地；先台区，后户表；先点抄，后排查，口诀如图 4.70 所示。

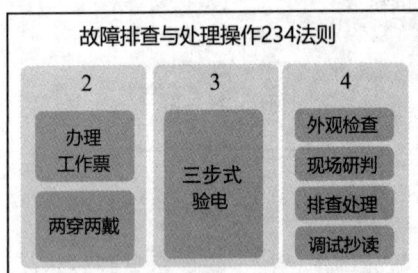

图 4.69　故障排查处理的 234 法则　　　　图 4.70　综合采集故障排查口诀

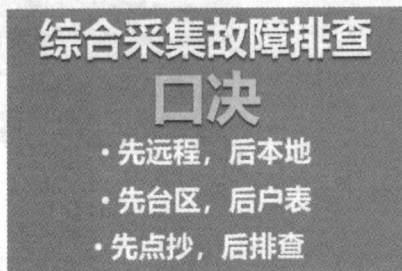

三、消缺记录单

智能终端异常消缺记录单，如表 4.18 所示。

表 4.18　　　　　　　　　　　　智能终端异常消缺记录单

智能采集终端故障检查：			
测量点参数设置故障检查：			
	档案参数	终端参数	故障判断
在终端内编号：			
通信地址：			
通信协议：			
波特率：			
终端端口号：			
485 接线故障的检查：			
故障判断：			
电能表接线情况分析：			
电能表接线方式：			
电压、电流接入顺序：			

四、智能终端故障排查处理分析报告

智能终端故障排查处理分析报告，如表 4.19 所示。

表 4.19   **智能终端故障排查处理分析报告**

选手编号：＿＿＿＿＿＿＿＿

电能表信息			
型号		生产厂家	
规格		出厂编号	
终端信息			
型号		生产厂家	
规格		出厂编号	
故障类型描述			

操作员：

监护员：

主站人员：

五、评分表

综合故障排查处理评分标准，如表 4.20 所示。

表 4.20   **综合故障排查处理评分标准**

姓名			工位号	
考核方式			实际操作	

说明	1. 本项目为 3 人操作项目。2. 竞赛时限为 18 分钟，时间一到，停止工作。3. 剩余 5 分钟时，裁判提醒参赛队员一次。4. 本评分表采用扣分制，每项扣分扣完本项得分为止。

序号	项目名称	质量要求	分值	评分标准	扣减分	扣减分原因
1	着装	穿工作服、绝缘鞋，戴安全帽、棉线手套	10	着装不符合要求每项扣 2 分		
2	验电	采用三步验电法	20	1. 验电前触摸到柜体金属部分的扣 3 分； 2. 戴手套验电扣 3 分； 3. 对三个作业面分别验电，少验一面扣 3 分； 4. 在台体金属裸露处验电，验电位置不正确每处扣 3 分； 5. 三步验电方法不正确扣 6 分		
3	仪表、工器具使用	1. 正确检查仪表； 2. 正确使用仪表、工器具	20	1. 仪表未检查扣 3 分； 2. 仪器、仪表使用不当每次扣 5 分（如档位使用错误、带电测电阻）； 3. 仪表掉落一次扣 5 分； 4. 工器具的绝缘不符合要求每件扣 3 分； 5. 操作过程中工器具、端钮盒盖每掉落一次扣 3 分		

续表

序号	项目名称	质量要求	分值	评分标准	扣减分	扣减分原因
4	故障排查过程	正确进行故障排查及更正	40	1. 未进行主站召测、分析，直接到现场进行操作的扣 5 分； 2. 现场两人未同时进入、退出现场扣 5 分，现场人员中间返回主站扣 15 分； 3. 串户故障排查采用简单断开负荷开关方式进行判断的，每次扣 10 分； 4. 串户故障排查采用增加负荷方式进行判断的扣 10 分； 5. 未使用规定通信方式交流主站与现场信息，扣 3 分		
5	清理现场	1. 正确加装封印； 2. 清理现场，恢复原状	10	1. 计量箱门未施封，扣 2 分，电能表及采集终端表尾盖未恢复原状，每个扣 1 分； 2. 柜门未关闭，扣 2 分； 3. 现场遗留工器具、设备、材料扣 2 分，未清理扣 4 分		
6	安全、秩序			1. 竞赛过程出现严重不安全现象者（如发生电压回路短路、电流回路开路），裁判可予以制止，报告裁判长，并扣 10 分；如发生危及人身安全的行为时，裁判应立即终止竞赛，经上报裁判长批准后，可取消参赛队该项目参赛资格； 2. 带电作业时未戴手套扣 5 分； 3. 选手不服从裁决，不听指挥，裁判可提出警告，不听警告者，报告裁判长取消竞赛资格； 4. 选手扰乱他人竞赛，裁判可提出警告，并报告裁判长裁决，做出相应处理		
7	操作时间（记录到秒）			前六项得分		
8	速度标准分 10 分			1. 在规定时间内，正确完成全部故障数量查找及处理的选手第一个交卷的选手，得标准分； 2. 其他选手速度分计算=标准分×（正确完成全部故障数量查找及处理最快的选手用时/正确完成全部故障数量查找及处理的选手用时）。 注：结果保留 1 位小数。 未正确完成全部故障数量查找及处理的选手不得速度分		

裁判：　　　　　　　　　　　　　　　　　　　　　　　　日期：　　　年　　月　　日